你体内的囤积欲

如何过上更快乐、更健康的整洁生活

罗宾·扎修博士（Dr. Robin Zasio）著　王非 译

ZHEJIANG UNIVERSITY PRESS
浙江大学出版社

本书献给所有那些挣扎在杂乱和强迫性囤积症中的人，以及那些渴望自己与物品的关系变得更健康的人。

记住，你并不孤单。

　　不久之前，我正坐在化妆台前梳妆打扮。这是周一的清晨，我将开始我一周中最忙碌的一天。在这个特殊的日子，我不去办公室，而是直奔凯特（Kate）的家。凯特是我的病人，这是她第一次允许我走进她的屋子。她已经在我的诊所——萨克拉门托焦虑治疗中心，断断续续地接受了几个月的治疗，但她一直心有抗拒，不愿让我看到她实际的生活环境。在梳妆打扮时，我心里一直想着她的事。

　　最初联系我的不是凯特，而是她的丈夫。他告诉我，自己没法在家里住下去了，据他说，那里曾是一个美丽的港湾。这对夫妇看起来很般配：结婚时都是四十来岁，彼此都是第一次结婚，没有孩子，而且都梦想着环游世界。仅仅在他们结婚两个月之后，凯特的父亲就去世了，留给她一笔巨额遗产，丰厚到足以支持两个人余下的人生。这是一个极好的机会，让他们实现冒险的梦想。

但是，父亲的过世似乎激发了凯特内心深处的一些东西。她没有为他们的旅行作准备，也没有审慎地用这笔遗产作些投资，而是开始大手大脚地买东西，把大量的钱财花在购买衣服和其他东西上。她的购物爱好很快发展成了强迫性囤积症。在一年的时间里，她的丈夫一直想搞明白凯特到底在想什么，最终因为失败了而求救医师。

这天早上，在为见凯特作准备的时候，我打开了化妆台右上方的抽屉，里面的东西井井有条。我想取出一根棉签，随后就意识到它们已经用完了。我开始打开其他的抽屉，想找到最近新买的那盒。有一个抽屉装着我的电吹风，另外一个装着一些急救药膏和绷带。接下来，就像在这个屋子生活的 8 年里发生过几百次的那样，我打开了"那个"抽屉。

"那个"抽屉

这个特别的抽屉塞满了一堆杂乱的化妆品,其中一些我已经保存了二十多年——那时我 20 岁出头,刚刚大学毕业。抽屉里有破碎的眼影,那些颜色我已多年不曾用过;有干掉的眼线、眉笔和唇膏,当初买它们的时候我非常喜欢,但用过一次之后,就意识到它们并不适合我。扔掉这些没用的唇膏好像是一种浪费,我一边心里想着"没准将来还用得上呢?你永远无法预料",一边把它们与其他被遗弃的化妆品一起丢进"那个"抽屉。我心里清楚,自己很可能不会再用到其中的任何东西了,而且从健康的角度考虑,也不该再用它们。但是,就在我写下这段话的时候,那个抽屉依然是满满的。每当我考虑要不要整理一下那个抽屉、丢掉一些东西的时候,关上它不管的行动总能战胜清理它的冲动。

我很清楚这其中的讽刺意味——作为一名临床心理学家以及治疗强迫性囤积症的专家,我却不能理智地处理掉这些没用的东西。我问自己,为什么没法扔掉那些已经过时的、干得没法再用的腮红?答案我早已知晓,我的病患也说出了同样的理由,正是这个理由让他们没法丢掉满屋子的东西，以致屋子几乎没法再住人。不过，我没时间多想，我还有工作要做。我很快关上了这个抽屉，出发去凯特的家。

当我开进她家车道的时候，展现在我眼前的是一个修剪整齐的庭院和一条通向一栋两层砖楼的小路。我按响门铃后，立刻听到一阵撞击声。"里面还好吗？"我喊道。我听到凯特的声音喊："没事，我只不过撞到了一些东西。"

几分钟后，凯特打开了门，为了让我久等而向我道歉，并表达了对乱糟糟的屋子的羞愧和尴尬。"真不好意思让你看到这样的地方。"她说道，语气中明显带着焦虑。我安慰她说我绝不会批评她，我来这里是为了帮助她。我还告诉她我们是一个团队，而这只是她治疗过程中的一部分。

直到现在，凯特都会把需要清理的东西带到我的诊所，这样我就可以教会她必要的技能，让她可以自己在家处理好物品。强迫性囤积症患者通常需要几个月的时间才能作好心理准备让治疗师来自己家里，观察他们问题的严重性以及这种问题究竟如何影响了他们的生活环境。即便已经建立起了亲密的、支持性的治疗关系，病患在我第一次家访的时候，仍然会感到极度焦虑。我会告诉病人们，我的方法不是批评性的，这通常会安抚他们，从而让我进入他们的家。

　　走进玄关后可以很明显地看出，凯特在过去很长一段时间里，一直在不停地买东西。虽然眼前看不到任何垃圾（在一些囤积严重的房屋里，垃圾会和有用的东西混在一起），但屋子里堆满了没打开的购物袋、邮购盒子，以及仍然挂着标签的衣服。尽管她反复向丈夫许诺会把东西"放好"，但丈夫却发现凯特只是不断地带回来新的东西。凯特与我的许多病人一样：他们有好的意图，但缺乏执行力。凯特有多个收纳盒，比如箱子和塑料抽屉，一个一个摞起来，等待着放进东西；但由于屋子里的东西实在太多，连放这些箱子和抽屉的地方都没有了，更何况再往它们里面放东西？

　　凯特深受强迫性囤积症的困扰，这是一种令人焦虑的状况：它让一个人陷在物品的囚笼里。强迫性囤积症患者可能有着不同的年龄、种族、民族和宗教背景，居住在世界各地，这些人的共同特点在于他们都对物品有一种强迫性的获取冲动，而丢弃无用东西的能力却严重受损，这让他们的生活空间无法被健康、有效地利用。

　　我拜访过一些人，看过他们的屋子，他们的配偶因为无法再忍受生活在一堆东西（包括垃圾）里而离开了他们；我也拜访过另一些人，他们面临着孩子被接管的危险，因为屋子糟糕的卫生状况让孩子们处于危险之中；还有另外一些人，他们的屋子里到处堆满了发霉的报纸和杂志，从地板一直堆到天花板。我治疗过一些病人，他们全家的一日三餐都在床上吃，或者用一两个箱子拼成临时餐桌，因为家里的就餐区和咖啡桌上都堆满了东西，没有其他地方可供就餐了。我曾见过一位男性，他的屋子到处散落着陶瓷狗，没有坐的地方，他重视这些陶瓷狗多于重视人。因为童年时的一次骑马事故，我的嗅觉非常不灵敏，但屋子里浓烈的异味刺激着我的眼睛，让我流泪不止。

这天早上，凯特和我决定整理一下她的卧室。在我们整理一叠衣服的时候（几乎都是全新的，但对凯特来说都小了两号），我问她为什么要留着这么多不合身的衣服。

"哦，因为买太久了没法退换，丢掉又感觉浪费，我可是花了钱的。"她回答说。我又问她这些衣服曾经合身是在什么时候，她说那已经是很多年前的事了。"但将来它们可能又会合身，所以我留着它们，以防万一。"我问她看到这些过小的衣服时是什么感觉，它们能让她的自我感觉更好吗？她承认并不是这样，它们只会提醒她——她发胖了。这让我们进一步开始讨论"以防万一"的想法是如何导致她的屋子囤积了过量的衣物，以及她再穿这些衣服的实际可能性有多少。即使她减肥成功了，这些衣服也已经过时了。我提醒她说，这些衣服和满屋的杂物增加了她的压力，导致了她与丈夫的冲突，并且让她因为发胖而感到挫败。虽然清理这堆衣物的念头一开始让凯特感到焦虑，但渐渐地她能够放弃它们，并把其中大部分衣物都捐给了爱心组织。

开车离开凯特的家时，我又想到了我的"那个"抽屉。事实上，每次我打开它时，我都会为自己的无能为力而感到焦虑和失望。此外，所有这些化妆品我都没有用过，真是浪费金钱！而且那个空间还可以更好地利用，为什么我要放任不管这么久？

听起来我就和凯特一样，认为花钱买来东西再丢掉是一种浪费，幻想着有一天可能还会用上它，它仍然完好无损——这些恰恰就是强迫性囤积症患者的想法。当然，我的"那个"抽屉没有阻碍我过上幸福而有益的生活。但就在这一刻我意识到，许多人和物品的关系还有改善的空间。我们都可能处在这样一个状态：从无法忍受一丁点混乱而不保留任何东西的人，到房屋整洁但有一箱箱未处理的纪念物的人，再到凯特这样或是情况更严重的人。如果我们都有类似的对于自己物品的非理智想法（我因为购买了许多自己不需要、但"超值"的物品而出名，这是另外一种将过度购买合理化的常见情况），那么，我们也许能从治疗强迫性囤积症的过程中学到一些东西。

这就是本书诞生的经过。杂乱妨碍了我们，让我们不能在喜欢的环境里过上想要的生活，并使我们感到压力和怠惰。其实，我们都可以改进自己与物品的关系。杂物不仅占据了我们的家和办公室的物理空间，而且还占据了不必要的心理空间——这些空间本可以用来享受美好的生活，这是我们以努力工作换来的。我相信这就是 A&E 电视台出品的电视节目《囤积者》（*Hoarders*）（我在其中担任心理学专家）能够如此受欢迎的原因之一。当然，窥探那些极端的、有明显问题的人的生活，这件事本身就令人震惊。不过也有观众来信告诉我，他们从这些极端的案例里，看到了一点点自己或朋友的影子，在某种意义上，他们和这些强迫性囤积症患者有着某种联系。

在治疗强迫性囤积症患者的过程中，无论是一名医师还是作为一个公众人物，我都努力让外界形成一种能够包容强迫性囤积症患者的氛围，并将此视为自己的使命。强迫性囤积症患者并不想过那样的生活，他们中的许多人都在努力克服这个问题，这不是一种性格缺陷，而是一种与情绪有关的问题。源自于大脑化学反应的差异导致他们无法对自己的物品作出"处理掉"的决策。

有一股热情支持着我去帮助人们改善他们的生活，

对我来说，最大的快乐就在于让一个人明白他为什么会囤积物品，而且难以舍弃它们，并帮助他在情绪上和物理环境上重新组织自己的生活。看到病人因为我的治疗而与他们所爱的人建立起更好的关系，过上更幸福的生活，对我来说这就是一种回报。不幸的是，不是所有的人都能负担得起这种帮助，而且保险公司经常不愿意支付来自于临床治疗师、组织者和其他专家的费用。而这本书会帮助那些挣扎在囤积问题里的人，以及那些无法得到所需要的帮助的人。

当然，你也并不一定要有严重的杂乱或囤积问题，才能从本书中获益。我们都有自己的"那个"抽屉，不管是一间凌乱的办公室，里面堆满了一箱箱的纸；还是一个壁橱，里面塞满了我们不敢检查的东西；还是一间满溢的食品储藏室；又或者是一幢因为到处堆满了东西，所以看上去永无宁日的房屋。杂乱以一种实际的方式影响着我们的生活——如果你不需要发疯似地寻找自己的眼镜，早上出门会变得多么轻松？如果你按时支付了那个放下后就遗忘了的账单，你和配偶会避免多少争吵？再看看我们的情绪，一个整齐的空间可以减少我们内心的杂乱。不过首先要弄清楚的是，我们为什么会以现在这种方式生活？

很高兴与你一起开始这段旅程。

1

集物狂、杂乱者和强迫性囤积症患者

你绝对不会怀疑琼（Joan）是一名强迫性囤积症患者。我第一次见到她是在我位于萨克拉门托的办公室，她是一位 50 岁左右、衣着整洁的黑人女性。我从转诊病例上了解到，她是一家保险公司的高管，过去 20 年来一直被视为效率和专注的楷模。

但是，当我第一次看到她家时，那完全是另一番光景。琼在杂乱囤积量表（clutter hoarding scale）上的得分是第 4 级（最高 5 级）。这份量表是位于圣路易斯的国家慢性混乱研究小组（National Study Group of Chronic Disorganization，NSGCD）开发的一套测量工具。一般来说,第 4 级的患者具有如下表现:没有专业帮助就没法打扫房间;住所很不卫生,甚至可能危害健康(角落里通常堆着发臭的食物,老鼠和虫子随处可见);房间里堆满了各种已经完全不能使用的物品;房屋发霉,结构受损;如果养了宠物,还会有积累下来的宠物粪便。琼的房屋满足上述所有指标。很难想象,一位冷静、自信的女性,每天会从这样一个地方走出来上班。

进入琼的房屋,最先引起我注意的是它的气味。尽管我的嗅觉不太灵敏,但强烈的味道依然扑面而来。猫砂放在餐厅里,已经溢了出来,只要在屋里走上一圈,就会发现两只猫咪早就不用猫砂了,而是随处大小便。琼的三间卧室都已经无法使用——到处堆满了衣服和书,其中很多都粘上了猫的粪便。起居室里散落着未处理的账单、收据和洗衣单。

厨房间,过期食品、脏东西,还有各种空的包装盒,都堆在角落。罐头和外带食物从储藏柜里满溢出来,因为琼会买很多一样的东西。冰箱塞得如此之满,里面的东西已完全冻住。当我打开冰箱的门,发现里面有无数小虫的尸体,看来它们找到了一些办法,成功进入到了冰箱里面。我向琼指出这一点,但她似乎并不太在意,只是含混地说,要请人来处理一下。

在治疗强迫性囤积症患者的多年经历中,我见过比这更糟的屋子；而琼的屋子让我印象最深刻的地方，是猫砂旁边那些装满猫屎的塑料袋。这些袋子靠在通向后院的玻璃门上，很显然，琼曾把猫砂里的东西倒进塑料袋，准备丢进垃圾桶，但她随后就忘掉了。她说她一直想找人帮忙丢掉它，但从来没行动过。后果就是，一袋袋的猫粪滞留在起居室里。琼就像许多强迫性囤积症患者一样，有一套自己的分类系统，虽然并不奏效。她有许多好的想法，但从没有时间真的去处理这些东西。她，就像我们许多人一样，总有更重要的事情去做。

　　琼的案例能体现出强迫性囤积症的许多特征，这些特征一般不为人所理解。许多人刻薄地批判强迫性囤积症患者，认为他们懒惰、肮脏、冷漠、自私、固执或是自恋。[①] 琼的性格和这些描述相去甚远。她非常想过上不一样的生活，只是不知道该怎么办，所以她需要帮助。琼在我的诊所里完成了为期六周的强化门诊项目（intensive outpatient program），包括长时间的治疗和家访。在项目结束时，她的房屋虽然没有达到非常井井有条的程度，但她已经过上了与以前完全不同的生活。她现在正在接受

---

　　① 我必须要澄清一下，当我使用"强迫性囤积症患者"、"杂乱者"这样的说法时，我不是在给那些深受强迫性囤积症之苦或是有杂乱倾向的人贴标签，而是为了指代的方便。我不喜欢贴标签，因为标签是有限的，掩盖了我们每个人都具有的改变的潜能。在使用这些标签时，我并不是说一个强迫性囤积症患者、杂乱者甚至集物狂（pack rat），就是这个人的全部。这些标签只是描述了那些影响个人生活的行为。

一对一的治疗,我相信她会继续进步。

在我的治疗实践以及 A&E 电视台的《囤积者》节目中,我接待过很多像琼这样的人。他们深受强迫性囤积症的困扰,陷入一种焦虑的状态,他们情不自禁地积攒和保存数量惊人的物品,虽然在外人看来这些东西都是没用的垃圾。有人估计,在美国大概有 300 万人具有强迫性的囤积行为,但我相信这个数字极大地低估了真实情况,因为许多人出于羞耻、愧疚、尴尬、恐惧,不会主动跳出来寻求帮助。

在极端的情况下,强迫性囤积症患者可能生活在非常肮脏的环境中,这让他们自己、他们所爱的人、他们的宠物,都处于危险之中。我见过一些屋子,到处堆满了食物、垃圾,还有人和动物的排泄物,这些东西腐蚀了墙壁和地板,弄得到处都是虫眼。很难理解,为什么有人会觉得一盘明显发霉了的食物值得保留。

你可能听说过传奇的科利尔(Collyer)兄弟,他们非常富有,但性格古怪。1947 年,纽约市的警察和消防员发现他们死在了自己的豪宅里,周围是他们囤积的 130 吨的物品。E.L. 多克托罗在 2009 年根据他们的故事写成了一本小说,而纽约市的母亲们为了让孩子打扫自己的房间,经常这样吓唬他们:"你们不想像科利尔兄弟那样死掉吧?"

我们经常能看到极端的、有时是悲剧性的强迫性囤积症案例。就在 2010 年，一位拉斯维加斯妇女，在他的丈夫报告她失踪四个月之后，被发现死在了自己的家里，埋在一堆属于她的物品下面。司法人员已经搜索过那地方好几次，"我们的警犬进到屋子里，没发现任何线索。这表明她面临着环境方面的巨大问题。"警方发言人这样说。任何人走进这样一间屋子，很难不去质疑："事情怎么会变得如此糟糕？一个人怎么会以这样的方式生活？"

问题的答案很复杂，就像那些强迫性囤积症患者的心理状况一样。这种状况会导致严重的疏离、抑郁以及生理上的退化，还会让一个人无法充分发挥自己的能力，获得应有的工作和生活。人们能够长时间忍受这样的生活，一个原因就在于他们已经熟悉了所处的环境。也就是说，他们习惯了它，接纳了它，适应了它，并努力克服那些阻碍。兰迪·O. 福斯特（Randy O. Frost）博士在史密斯学院（Smith College）研究强迫性囤积症，他将这种症状称为"杂乱盲区"（clutter blindness）。这是一个合适的称谓，因为同样的杂物在强迫性囤积症患者的眼中和在我们的眼中，是完全不同的。强迫性囤积症患者看到的是许多有用的物品和稍微"有点不整齐"的房间，我们看到的却是堆积如山的杂物和完全的混乱。这是一个感知问题。

也许只有一个外来者的出现——可能是一个朋友，一个像我一样愿意提供帮助的人，或是来评估孩子或动物是否受到威胁的公务人员，才能够打破这些强迫性囤积症患者建立在他们周围的否认之墙。他们只有从外人的角度来看待自己的生活，才会意识到生活已经失控。在其他情况下，很遗憾，他们没法认识到自己的问题有多严重。

杂乱的生活

就像许多人一样，如果有人来访，我会把洗手间刷得干净些，或是处理一下桌边那堆垃圾信件。我是一个井井有条的人，也比较注重自己的隐私，不想让外人看到我生活中凌乱、琐碎的一面。我喜欢呈现出精致的外在，总体来说我的房子也体现了这一点。当然，一小堆需要整理的物件，甚至一个超级乱的洗衣房（里面堆放着杂乱的节日装饰品和儿童自行车）并不是什么大不了的事，许多人都有凌乱的地下室、车库或阁楼，用来存放东西。尽管如此，我们还是可以变得更整齐些，实际上我认为，我们与那些强迫性囤积症患者有一些共通之处，而这也是A&E电视台的电视节目《囤积者》能够流行的原因，同时也是这种问题在近些年常被报道的原因。值得庆幸的是，这个节目让许多人开始寻求治疗，因为他们知道自己并不孤单。

我认为，大部分人都从这些强迫性囤积症患者身上看到了自己的影子。而且，就像你即将从后面的章节中了解到的，强迫性囤积症患者们认为，在许多情况下，他们看待各种物品的方式与非囤积者们并没有什么不同（在本书中，我会将那些没有强迫性囤积症但存在杂乱问题的人，称之为"非囤积者"或是"杂乱者"）。曾经有无数次，我问患者为什么不能丢掉某样东西，他们回答说："因为我怕如果扔掉它，将来可能还会用得到。"有的时候我还会听到"因为它还能用，扔掉太浪费了"，或是"这么便宜，我一定不能错过"，亦或是"这是我爱的人给我的，我觉得不应该扔掉"。这些都是获取或保留物品的常见理由——哪个人在整理东西的时候，不会有类似的想法呢？

当然，强迫性囤积症患者不同于非囤积者的地方在于，他们在决定是否保留一件东西时，没有考虑到一些重要的决定因素，比如留下来的坏处是否超过了好处。无法理性地决定把东西留下还是丢掉，整理个人物品时感到高度焦虑，拥有数量巨大的个人物品，这些都是强迫性囤积症患者的典型特征。但是，那些囤积严重的人和像我这样的人相比，在思维方式上并没有特别大的不同。

虽然存在临床上的差异,但两者在涉及一些具体的行为或念头时,可能只有程度上的差别。

出于这个原因,我相信只要了解了这种病症以及它的治疗方式,我们所有人都能从中受益,即使你的房子只有一般程度的杂乱。很明显,即使没到科利尔兄弟那样的程度,杂乱也会给你的生活带来实际的影响,让你浪费大把的时间用来寻找你需要的东西。它还会让你无法平静下来,完满地享受你的生活,同时带来不必要的压力和挫败感。

下面特雷莎(Teresa)的故事表明,如果你面临着杂乱的问题——就像我们大多数人那样,即使没到囤积症的程度,太多的东西也会给你的生活增添压力。特雷莎今年 43 岁,是一名护士,也是两个男孩的母亲。每天早晨,不管设置多早的闹铃,她总是会惊慌失措。虽然已留下足够的时间洗漱和让小孩准备好上学,但不可避免地,她总是在出门前的一刻,忽然发现某样必需的东西找不到了。今天可能是太阳镜,明天可能是护照。她的丈夫经常会发现她本来 5 分钟前就应该出门送孩子,现在却穿着职业套装,趴在地上,骂骂咧咧,在床底的积灰里寻找左脚的那只鞋。

特雷莎的房子并不是特别乱,因为抚养两个儿子必然会有很多杂物,再加上没时间去整理,但这足以让她发狂。她是一个完美主义者，因为没法找到完美的地方存放物品，没法找到完美的系统让一切井井有条，所以她就拖延着不去整理，并且经常找不到自己想要的东西。许多时候，特雷莎会决定放弃寻找，穿上她不喜欢的那双鞋，冲出门去送孩子上学。到了学校，她的孩子们会踩着上课铃响声冲进教室。特雷莎则会坐在停车场里，一面感到疲惫和压力，一面对着后视镜整理妆容。

如果你问特雷莎，她是否喜欢每天早上的手忙脚乱，她肯定会说"不"。但她太忙了，没法定期打理房间，而且四口之家需要的物品数量超过了她的控制能力。她竭尽所能地控制混乱，但很大程度上她已经向混乱屈服了。坦率地说，她宁愿把周末的时间花在孩子身上或用来放松自己，而不是整理房间。

尽管如此，这种生活方式每天都在影响着特雷莎和她的家庭，她不堪重负，没有归属感。为了让房子变得整洁，总有些事情等着她去完成，这给她造成了压力，让她下班后无法放松。每一堆东西都提醒着一项未完成的工作，如果她的房子状况更好一些，如果她能够找到一种更有效的方法来整理房子，她肯定会更开心，她的家人也会更开心。

从极端的案例中学习

　　我们在一定程度上都是杂乱无章的，所以了解什么是强迫性囤积症及其表现是有好处的。令人惊讶的是，直到 1996 年，心理学家兰迪·O. 福斯特和塔玛拉·哈特尔(Tamara Hartl)才提出了强迫性囤积症的理论框架。他们在模型中提出，强迫性囤积症患者的体验包括信息加工的缺损、对于物品价值的错误观念、情感依恋，以及有序组织的困难。

　　具体来说，信息加工的缺损使得他们无法正确地决定哪些东西要带回家，哪些要扔掉。结果就是，过度收集的物件占据了他们一个又一个的房间。对于物品价值的错误观念让他们没法舍弃不再需要的东西("我可以修好它""有些人可能想要""如果丢掉，我会后悔的")，最终导致他们留下的物品超过了房屋所能承受的上限。组织、分类和注意力方面的问题也与囤积行为有关。很快，房屋不再能正常工作，个人安全受到影响，人际关系也受到威胁。

　　尽管拥有许多物品并没有错，但那些强迫性囤积症患者没法平衡进出房子的物品数量。有一个相关的现象，弗雷德·彭泽尔（Fred Penzel）博士称之为"伪囤积"（pseudo-hoarding）。有这种问题的人也难以丢弃东西，不过不是因为他们想囤着它们，而是因为他们害怕会把有用的东西和垃圾一起丢掉。他们的房屋同样堆满了物品，但他们不属于强迫性囤积症患者。

对于物品有情感依恋，这本身不是问题。你我都可能不愿丢掉童年时期的泰迪熊，因为它曾给我们安慰。而强迫性囤积症患者对于这类物品的情感依恋会更强烈，并且依恋物品的范围和数量也更广更多，有时甚至会将人类的情感投射到物品上，比如幻想如果丢掉泰迪熊它会有多伤心。强迫性囤积症患者会经常想象自己被抛弃的感受是什么，并发现即使是对一件物品造成这样的伤害，也是无法忍受的。有些强迫性囤积症患者还很容易与物品建立情感联系，以致深深地依恋着如此多的物品。在一些情况下，强迫性囤积症患者可能将物品视为自我认同的一部分，扔掉它就像扔掉了自己的一部分。虽然非囤积者可能也有几件珍视和特别对待的东西，但强迫性囤积症患者却有可能对一堆堆、一箱箱、一袋袋的杂物产生依恋，而这些东西在别人眼中不过是一些垃圾罢了。

我曾治疗过一个叫珍妮弗（Jennifer）的女人。她很漂亮，是一位能干的母亲，养大了自己的孩子。她自己的母亲在我们见面一年前去世了，珍妮弗发现，她没法处理母亲留下的一屋子的东西（她母亲也是一个强迫性囤积症患者）。她说，母亲的去世是"毁灭性的"，尽管她有一份工作，每天生活状况良好，但处理或丢掉母亲的遗物，这种念头却是她无法承受的。同时，她自己多年来也积累了大量的物品，屋里都是一堆堆的衣服和垃圾。珍妮弗养了 14 只狗，每间房里都有它们留下的粪便。

结果就是，她有两年时间没见过地板是什么样的了，而且她完全与世隔绝。她的孩子们来访时没地方坐，还经常踩到狗屎，这让他们特别生气。一段时间以后，孩子们就不再来了，只会在门口按门铃，然后在外面问好，一个孩子甚至完全不再和珍妮弗讲话。她找到我的时候，囤积已经给房子造成了非常多的损害（窗户和窗格都坏了），必须先清理干净才能找修理工来修理。漏水的天花板也需要修补，但屋里的东西让这项工作没法进行。

我们俩和清洁工人一起，一间间、一件件地整理东西，有如此多的纪念品让她舍不得丢掉。她的囤积问题让她自卑，而当感到尴尬或伤心时，她会强颜欢笑，摆出一副勇敢的样子。为了帮助她，我必须鼓励她，让她不要用笑容来掩饰母亲去世带给她的悲伤，而是直面这些感受，并承认是她的生活方式影响了她与孩子们的关系。清理母亲的遗物会引发情绪波动，但她必须克服这些情绪,不能一想到要处理它们就感到软弱无力。

挖掘了几天之后,我们找到了珍妮弗收藏的芭比娃娃。这些娃娃给她带来了童年最美好的回忆,但已经毁于水渍、尘土和污垢。她意识到了其中的讽刺意味——她留下这些娃娃,是因为它们对她很重要;但为了保存更多她在意的东西,她却毁掉了它们。她觉得自己辜负了这些娃娃,没有保护好它们,没有将它们好好地存放在柜子里。她的女儿当时也在场帮忙,但珍妮弗看上去更加关心娃娃的感受,而不是自己女儿。我经常看到这种情况:强迫性囤积症患者对于物品的依恋超过了对于周围人的依恋。结果就是,她因为害怕失去某些珍贵的东西,而失去了更多珍贵的东西,包括人际关系。

强迫性囤积症的特点之一是缺乏有组织的思维方式,这在一定程度上导致了强迫性囤积症患者无法决定哪些东西该保留,哪些东西该丢掉,或是一开始要不要获取某样东西。许多时候,强迫性囤积症患者难以将注意力集中到眼前的任务上,甚至会发展成注意力不足过动症(attention deficit hyperactivity disorder,ADHD)。

其他强迫性囤积症患者可能会遇到分类方面的问题,即无法将自己的物品整理成不同类别。所以他们每作一个决定都要耗费大量的时间,并且这个决定总是让他们感到难以承受。以琼为例,她有一堆"待处理"的东西，这堆东西实际上包括了未拆开的信件、等待支付的账单、一双需要送回店里的鞋、一筐待洗的衣物。她的"待处理"包含了所有这些东西，在她的脑子里，它们都是差不多重要的，都是需要她尽快处理的东西。每天回家后，她会把钥匙放在"待处理"的东西上，按照她的思路，这是非常合理的（这些都是需要她处理的东西，所以钥匙放在其中很容易被找到），可实际上，钥匙很快就会被其他东西淹没。

还有些强迫性囤积症患者有拖延的问题，不得不说这有些讽刺意味。许多强迫性囤积症患者都是完美主义者，他们没法决定摆放各种东西的理想场所，于是就什么也不做，结果就是，他们的屋子和"完美"一点儿也不沾边。将一样东西放到"错误"的地方，或是努力决定什么是"正确"的地方，这些都会给他们带来焦虑，让他们干脆不去处理。强迫性囤积症患者会将一样东西暂时放在任何地方，直到他们认为找到了合适的地点，实际却是，他们从来找不到这样的地方。所以囤积就愈演愈烈，不只给强迫性囤积症患者，而且给所有住在房子里的人带来巨大的压力。

西拉（Sierra）是我的一名患者。她拥有如此多的东西，这些东西又是如此凌乱，以至于每次她拎着一包食品回到家——通常是容易变质的肉类或乳制品，只能哪里有地方就放在哪里。有时她甚至会"临时"地把它们放到门口。因为她的屋子从地板到天花板都堆满了东西，根本没法居住，她的丈夫一年前和她离婚了。西拉会想："东西先放在这儿，一找到合适的地方就挪走。"但是，这一般不会成为现实。食物被遗忘的时间或长或短，最后都会腐烂。西拉和我讨论过很多次，某件具体的东西是否值得保留。我告诉她，虽然有些食物可能还能吃，但不值得冒这个风险。西拉却觉得，丢掉是一种浪费。

另一方面，强迫性囤积症患者经常会有抑郁的症状。这很容易理解，只要你想想他们的生活环境，以及他们感受到的无力感：拥有一间见不得人的屋子，这会导致羞愧、社会疏离和孤独。即使一个强迫性囤积症患者注意不到房间的杂乱，他也会或多或少地意识到，自己的生活和那些非囤积者是不一样的，所以他们会避免与人接触。此外，当一个屋子的走廊和楼梯都被杂物堆满时，就不会留下多少走动的空间，锻炼身体的机会也就非常有限。这会带来惰性，还会导致健康问题的恶化，而这些也是他们抑郁的原因。

巴里（Barry）和他的妻子梅利莎（Melissa）都是强迫性囤积症患者，他的例子展示了强迫性囤积症对于抑郁和其他健康问题会有怎样的催化作用。巴里四十来岁时曾经遭遇过一场车祸，这造成了他背部的慢性疼痛。他的公寓塞满了各种东西，这使得他绝大多数时间都只能坐在沙发上看电视。他们家里堆满了一箱箱属于他的物品，每次搬家他都带着这些东西。箱子里面可能装着各种玩意——玩具火车、不再合身的衣服、住在东岸时穿的夹克（现在在加州根本用不上），还有五年前一份工作中使用过的工具。他没法舍弃其中任何一件，并且还在买更多类似的东西。他觉得他和梅利莎"有可能"会搬回东部，所以他会在网上订购天冷时穿的衣服，以防万一。他还会在 eBay 上买各种工具，以便将来有可能做这方面的工作。新玩意儿都被放在箱子里，而这些箱子一直堆到了天花板。

巴里身有残疾，身体健康问题让他更加抑郁，他没有足够的意志和能量来整理这些箱子。因为他很少走动或与人接触，他的肌肉、身体和心智都在逐渐萎缩退化。他把所有的食物都放在微波炉里加热，沙发边上堆放着的空包装袋清楚地表明了这一点，而这沙发也是他的床。巴里说，他不会扔掉这些食物包装，因为有可能需要阅读上面的配料表。我问他是否真的读过，哪怕一次，他说没有。

梅利莎则把大部分时间花在购物上，而且基本都是买衣服。有趣的是，梅利莎过去并没有囤积的历史，直到她遇到了巴里。我相信，她的囤积是对于身处糟糕环境的一种反应。她需要一些东西来让她从婚姻中分心，以补偿她在这段关系中无法得到的欢乐。获取新东西的喜悦让她感觉良好，这是她与她丈夫的共同之处。但是，巴里和梅利莎很有可能会失去他们的住所，因为它实在太不安全了。他们互相指责对方保留了太多东西，最终，他们的治疗内容包括：每个人都要对自己的囤积行为负责，并分别发展出健康、节制的消费习惯。

还有一小部分人会囤积动物而非物品。我们无从得知这样的人在强迫性囤积症患者中占的比例，可能只有一小部分。强迫性动物囤积症患者会非常依恋宠物，将它们作为伙伴和情感的出口；他们收养了如此多的动物，以致无法照顾好它们，并且生活环境也跟着遭殃。他们会拒绝承认这些动物的生存环境到底有多么糟糕和有害，以及它们显而易见的健康问题。强迫性动物囤积症的可能表现包括：养了太多的动物，没法照顾好它们；这些动物没有足够的食物、水或是照顾；这些动物的医疗状况被忽略。

哪些人属于强迫性囤积症患者？

有这种问题的人可能会感到很挫败，因为他们无法理解自己的行为。我经常问自己，这种行为是先天的还是后天的？换句话说，是基因决定了一个人的囤积行为，还是与他的成长方式或者经历有关？但是，无论认为是先天决定还是后天形成的，都可能简化了这一问题。强迫性囤积症既有来自基因的影响，也有来自环境的影响，但即使把这些都考虑到，也没法预测一个人是否真的会囤积物品。

我们已经确定，基因因素会导致强迫性囤积症的形成，而且如果有人有这方面的家族史，那么强迫性囤积症就会更容易出现。此外，囤积也可能是后天习得的一种应对焦虑的方式——如果一个小孩看到她的母亲用囤积的方式来缓解丧亲之痛，那么他也可能会学着用这种方式来应对自己的情绪。大多数专家都同意，这些因素对于强迫性囤积症的形成都有一定的影响。如果一个人的基因决定了他会囤积，那么当他面对这些环境因素时，也就更容易受到影响。有时，我们也会在强迫性囤积症患者的家族病史中，发现其他与焦虑相关的问题。

也有许多人在父母是强迫性囤积症患者的家庭成长，但他们并没有发展出强迫性囤积症。这些人会对童年的生活环境作出反向的反应，对于杂乱的容忍程度比一般人更低。又或者，他们只是在基因层面上没有囤积的倾向。不管怎样，强迫性囤积症是一种复杂的状况，需要针对个人的情况制订有针对性的治疗方案。

一般来讲，囤积行为在生命的早期阶段就会开始，只不过人们通常直到五十多岁才会去寻求治疗。有人认为，男性的囤积问题比女性更常见，而在我的诊所中，我发现女性比男性更愿意寻求帮助。在生命的后期阶段，强迫性囤积症看上去更明显，这可能是由于一些间接的原因导致的。例如，当一个人进入大学时，他的囤积倾向通常会受到遏制，因为他只有一个房间，或是有一个厌恶杂乱的室友会不断地纠正他。后来，他也许遇到心上人，步入婚姻，这在一开始会带来积极的影响。不过，渐渐地，他所爱的人也会接受一定程度的杂乱——"老爸真的很喜欢工具，车库都是他的地盘"。就像强迫性囤积症患者一样，他们也习惯了这种环境。

此后他的生活状况通常会螺旋式下降。当孩子长大离开家以后，强迫性囤积症患者可能变得更加孤独，空巢也意味着他有更多的空间来囤积，而且这时他一般也不再请人来家里做客。没有外人来观察他的房间，这意味着他可以一直否认房屋的现状，继续积攒物品。就像珍妮弗的案例一样，强迫性囤积症患者的子女们，经常会被他们父母的生活方式所震惊。而强迫性囤积症患者的配偶经常无法忍受在杂乱中生活，从而离开他们。

我经常会思考，囤积是不是来自于童年的某种缺失。

例如，一个人可能小时候非常穷，得不到他需要的东西，这会不会让他在成年后更容易囤积物品？这是有可能的——我见过有些人曾因为过去没有足够的食物，所以现在过度地囤积它们。但根据我的经验，这种缺失通常不是强迫性囤积症的导火索。有些强迫性囤积症患者成长在物质充裕的环境里，可以得到任何想要的东西；也有人成长在物质匮乏的环境里，却没有强迫性囤积症的困扰。

囤积也不是心理创伤的必然结果，不过如果一个人本身有强迫性囤积倾向的话，创伤确实可能会触发囤积。而且有研究表明，一个人经历了越多的创伤，他们的囤积问题就越严重。例如，众所周知，纳粹大屠杀的幸存者会囤积食物、钱、衣物等东西。作为例子，我立刻想到了我的患者珍妮（Jennie），她是一位50岁的母亲，她的儿子死于婴儿猝死综合征。我相信，如果不是因为这次改变她生活的严重创伤，她不会开始强迫性囤积。另一个例子是比尔（Bill），他是一位令人尊敬的警官。有一天晚上他去调查一起车祸，却发现是他自己的女儿被一个喝醉的卡车司机开车撞死了。他被这件事击垮了，在休假一段时间之后，他依旧没法恢复工作，因为每当他被派往车祸现场，他都害怕是自己另一位家人被卷进去了。比尔没法走出他的悲伤，于是隐居了起来。他的食物是别人送上门来的,他在网上购物以避免开车去任何地方。比尔限制了家人的来访,开始把他的时间花在收集上。他沉浸在找到一件特殊的工艺品,或是淘到便宜货的感觉之中,他在屋子里放满了这些东西,而大多都只是堆在箱子里,没法取出来。很快,他的房子只能通过这些箱子中间狭窄的小道进出了。出于对他的关心,他的家人威胁他,如果不接受治疗,就要向成人保护服务机构(Adult Protective Services)举报他。

这是一种状况,而非一种性格缺陷

在治疗强迫性囤积症患者的过程中,我感到最困难的地方在于人们对他们的批判。在强迫性囤积症的网络论坛上,还有我的 Facebook 主页上,我见到一些人猛烈抨击强迫性囤积症患者,骂他们是"疯子"、"懒人",还有其他恶毒、伤人的话。是不是有一些强迫性囤积症患者是懒人?当然有,但许多非囤积者也很懒。许多强迫性囤积症患者非常希望改善他们的生活状况,只是不知道如何去做,而且/或者没法一个人做到。

也有证据表明,强迫性囤积症患者大脑里的化学反应不正常,这限制了他们的理性决策能力。桑佳亚・塞克森纳（Sanjaya Saxena）博士是加州大学圣地亚哥分校的心理治疗系教授，也是强迫症（obsessive compulsive disorder，OCD）领域世界知名的神经临床心理学专家。他的研究团队使用正电子发射计算机断层扫描技术（positron emission tomography，PET），发现了强迫性囤积症有相关的大脑活动模式。他们的研究表明，强迫性囤积症患者的大脑额叶更容易出现轻度的萎缩或变形，而这一部分大脑正与执行功能以及决策有关。

大多数的心理障碍都是持续性的，从轻度到极端。你不一定会被重度抑郁击倒，无法下床或是满脑子自杀的念头，但可能会情绪低落、一筹莫展。你不一定有广泛性焦虑障碍，但可能很多时候曾有过郁闷的感觉，经历过一些无眠的夜晚。

强迫性囤积症也是如此。在和物品的关系方面，我们都处在一个持续发展的状态中，从轻度到极端，我们也都因此经历过不同程度的痛苦。这符合一般人的直觉，科学研究也支持这一点。工作场所的环境心理学研究表明，人们通常更喜欢一个有秩序的、不杂乱的环境，而杂乱的、无组织的环境会导致更深的焦虑和更差的工作表现。有趣的是，有些人认为杂乱的场所（即使那地方还算整洁）更容易使他们感到焦虑。这解释了为什么有些人会被一定程度的杂乱所影响，另一些人却不会。乐柏美集团（一家专门生产清洁家电的公司）的一项调查发现，91％的人至少有一些时候会被自己家的杂乱程度所击倒；50％的人会因为这个原因不请朋友来家里做客；88％的人希望他们的家更整齐一些。此外，57％的人会因为他们房屋的杂乱或无组织而感到"有压力"，42％的人因此感到"更焦虑"。

也许你的地下室里有一袋袋的文件和账单，你不知道如何处理它们；也许你像特雷莎一样，每天早上都会有一段狂乱的寻宝之旅，你的一天从一开始就有太多的压力；也许你住在简朴的房间里，但有一个秘密的柜子，里面塞满了东西，而你不敢去整理；也许你不愿意让别人来家里做客，因为你没法把家里打扫干净。不管你属于哪种情况，我所知道的是，了解一些我们普通人和强迫性囤积症患者之间的共同之处，可以帮助我们生活得更自在一些。

在下面的章节中，你会找到你在强迫性囤积症持续状态中所处的位置，学会如何从不一样的角度来看待你的房屋和物品，这些可以帮助你做到在整洁的环境中头脑清醒地生活。

2

物品之爱

　　我们的祖先会用石头制作出粗糙的武器和容器，但我们囤积的一般不只是这样的实用物品。在这个消费主义盛行的社会里，即使是极简主义者也有无数的商品可供挑选，这些商品是为了让人们装饰剩余的空间而精简制作的。显然，我们拥有的东西早已超过了生存的需要。

　　这是一件很神奇的事情。生活中许多精美的物件并不是必需的。没有人真的需要在喝咖啡的时候手捧一本安塞尔·亚当斯（Ansel Adams）的自然摄影集，也没有人真的需要一套《世纪之交》的迷你船模。也许你需要一辆汽车，但从技术角度上讲，没人需要一个精美的电机，让你在开车的时候感觉自己像是一个摇滚明星。上帝作证，我并不需要我的施华洛世奇水晶套装，我只是喜欢它们。我们在看、触摸或是使用这些东西的时候，会体验到一种愉悦感，可能它们勾起了过去欢乐的回忆，可能它们代表了地位或是成就——努力工作让你可以购买这些令你愉悦的物品。但没有它们你能生存下来吗？大概也没问题。

新潮、时尚、批量生产而又买得起的商品如此之多，这让我们更容易获得比自身所需多得多的物品，甚至数量超过了让我们自我感觉良好的范畴。我觉得这可以类比美国的肥胖问题，当然，享受美食并没有什么不对。但我们的祖先为了寻找和获取食物，经常要进行大量的身体活动，或者走过很远的路程。在我们今天生活的环境里，即使在那些最不可能出现食物的地方，它们也触手可及。即便是去办公用品超市买打印机墨盒，排队结账时，也很难忍住不去拿一大罐椒盐脆饼干或是一袋薯片。廉价的、高卡路里的食品随处可见，这不是人们发胖的唯一原因，但肯定是原因之一。

有多少次，你走进一家药店买一两件东西，结果出来的时候拿着好多件东西？对我来说这是经常发生的。也许你真的需要那些东西，只是进入药店之前没意识到。但也很有可能，你买一样东西只是因为你有可能需要它，或者它很便宜,或者它看上去很有意思("嘿,我真想知道电视上看到的那个蛋形的修脚刀好不好用")。接下来的事情你也清楚了:你拿了许多并不准备买的东西,把它们带回家,堆到盥洗室里。既然已经花了钱,扔掉就是一种浪费,所以许多时候它们就一直待在那里,而你从不使用。几乎所有人都有许多自己不需要或者用不上的东西。这已经成为了我们这个富裕社会的常见现象。

强迫性囤积症患者的视角

现在请想象一下,药店或者办公用品超市里的那种诱惑,再放大一千倍是什么样子。与我们相比,强迫性囤积症患者更能发现物品的价值、使用潜力和意义。因为这些物品给他们带来更大的情绪波动,他们通常会根据当下的自身需求,作出强迫性的决策。这既适用于在商店里购物的那些人,也适用于在旧货甩卖中挑挑拣拣的那些人。大多数人看到一个肮脏、破旧、缺一条腿的旧椅子,都会觉得这东西不值得翻修,即使它是免费的。但强迫性囤积症患者却会看到它的本质特征:一个某些人或任何人可以坐的椅子。他会淡化椅子的结构和审美问题,甚至将它视为一个挑战,觉得战胜它的过程将会非常激动人心。这是一种过度扭曲的乐观主义，既高估了物品的潜在价值，也低估了修缮它需要花费的时间和精力。强迫性囤积症患者通常会畅想未来，但他们的畅想通常是不切实际的。

32 岁的贾森（Jason）就是这样一个人，他两年前因为强迫症方面的问题找到我。贾森因为卡车司机的工作而残疾，擅长修理电子器件。他经常会去旧货市场，希望淘到便宜的电器，能够让他修理一下，或者能从中拆下零件，在修理自己的或别人的其他电器时用得上。因为他没有工作，他有大把的时间用来修修补补，并沉迷于淘便宜货。他的两居室公寓已经塞满了各种电脑，大部分都过时了，修理好它们的花费比买新的还多。他的厨房有厚厚的尘土，堆放着各种污损的器具，诸如搅拌器、咖啡壶、微波炉、烤箱，甚至还有卷发棒和吹风机（他没结婚，而且是光头）。贾森把自己微薄的钱花在这些东西上，信用卡几乎透支到了上限。

贾森总想着有人可能会用到这些宝贝。如果这些东西真这么有市场的话，他的想法倒不算奇怪。但贾森关于他的维修的所有宏大想法，都是不切实际的，它们属于思维错误，也可以称之为认知扭曲（cognitive distortions）。认知行为疗法（cognitive behavioral therapy，CBT）的基本原则在于，拷问那些我们深信不疑的信念——那些实际上对我们并无好处，反而阻碍我们的生活向前进的信念。这是治疗强迫性囤积症最有效的疗法。我们都有这样或那样的认知扭曲，这导致了我们的杂乱，我会在后面的章节里具体分析。

贾森的信念相对于他的生活状况来说是不切实际的，这让他作出了错误的决策。实际上，他并没有足够的钱去购买那些需要修理的电器，而且他收集了那么多，其中大部分都只是放在那里积攒灰尘。此外，许多他觉得可能用得上这些电器的人，实际对它们并不感兴趣，也不需要它们。在过去六年里，他没有送出或卖出一件东西。他的公寓堆满了这些东西，杀价的快感和赠予他人的渴望驱使着他不断地收集这些"宝贝"，即使没人觉得它们有价值。

对于这样的患者，我的职责是与他交谈，让他意识到自己的思维错误，帮助他认识到，尽管这些信念在他看来很合理、很符合逻辑，但实际上不是这样的，而且这些杂物还会让他的房子变得无法居住。我还会提出其他一些信念，来让他替换那些错误的信念。贾森的扭曲信念包括"如果我看到了其中的价值，其他人也会"，显然，事实不是这样的；他还会想，"如果我错过了这笔便宜买卖，之后发现有些人可能用得上，我会后悔的"。他相信这是正确的，但由于他从未真正错过一笔便宜买卖，所以他永远没法检验这信念到底对不对。"可能会错过便宜买卖"的想法给他带来了很深的焦虑，于是为了逃避这种焦虑，他把每件破损的电器都买回家。在贾森的想象中，如果错过一件物品，或是丢掉破损的电器，后悔感将是令人痛苦不堪、无法承受的、而非短暂的、可以处理的。在他的屋子里转一圈，我发现从我的角度来看，大部分的电器应该都不会有其他人想要，贾森却看不到这一点。他希望通过修理它们、把它们作为礼物送出去，以此获得满足感。

每当他想到自己只花了很少的钱就获得了一件宝贝，心里盘算着可以送给别人时，他的眼中就充满了兴奋，这让我联想到瘾君子想要来一剂时的神情。很显然，在与我交谈时，他的血液中充满了肾上腺素，这些肾上腺素支配着他的"淘宝"之旅。但是，在我的办公室里接受治疗时，他却并没表现出类似的兴奋和激情。这让我推断，只有贾森站在他的那堆宝贝旁边或者获得它们的时候，他才有强烈的愉悦感。一些强迫性囤积症患者主要是被"获取的需要"所驱使，像贾森这样不出门搜集或疯狂购物的人，他们的主要困扰则是没办法丢弃物品，而非搜寻的冲动。

为了鼓励贾森反思他的认知扭曲，我用不带评判性的口吻问他，是否认为眼前这个咖啡机对于某些人会有价值，即使它上面没有咖啡壶。他说"是的"，因为也许他能再找到一个壶,或者他准备赠予的那个人自己有一个。接下来,我让他用 0～10 分来评定一下,如果他错过了这个咖啡机,他会有多焦虑,这样我们就可以看看他的预测是否准确。

鼓励患者丢弃他们所珍视的物品,并直面随之而来的压力和焦虑,这种练习称为暴露(exposure)练习,这是治疗强迫性囤积症的主要方法之一。我会让某个患者评估一下,他认为丢弃一件物品的焦虑有多严重,然后当实际丢掉这件物品后,再问他的感觉是否真像之前所想的那样糟糕。大部分时候患者都会发现,他当初的预测是错误的,实际感受远没有那么糟。通过这种方式,他明白了他可以丢弃不需要的东西。这是一个过程,当然,并不是说强迫性囤积症患者这样做了一次,从此就没有丢弃物品的问题了。通过练习,这会变得越来越容易,并会逐渐进步。我会在第五章介绍更多关于暴露练习的内容。

贾森估计他丢弃咖啡机的焦虑程度会是 8 分(最高 10 分)。这个分数太高了,我不能让他真的丢弃它,所以我们试图找到另外一件 2 分或 3 分的物件。但最终还是没找到,所有的焦虑程度都不低于 7 分。

我意识到,我需要和贾森一起继续纠正他对于物品价值的扭曲认知。这些扭曲的认知让他觉得如果错过了一笔非常便宜的买卖,而且有人需要这个东西,他会感到非常焦虑，所以他努力回避这种感觉。他相信如果这种事真的发生了，他永远不会原谅自己。具有这种焦虑障碍的强迫性囤积症患者，对于未来通常会有扭曲的思维，许多人害怕如果错过了一件物品，他们将永远无法从后悔中恢复过来。

把整个世界装到你的房子里

像贾森这样的人，他们有一种难以抑制的冲动去获取新物品，但每当把新宝贝带回家时，就会发现很难为它们找到合适的摆放位置。即使根本用不上，他们也把宝贝保留下来，因为他们认为我们"永远不知道"是不是将来有一天能用上。

我经常会思考，到底什么属于正常的获取行为，什么属于杂乱的范畴，什么属于强迫性囤积症？许多人虽然有囤积的倾向，或者有强迫性囤积症患者的常见行为，但他们并没有强迫性囤积症的困扰。例如，一个人可能无法抵御低价的诱惑，买了太多东西，但他并没有因此变得混乱不堪，或是过度依恋这些物品。有时候，我会在小孩子和青少年身上观察到强烈的囤积倾向，这种倾向如果不能正确对待，在他们成年之后可能会发展为更严重的囤积问题。一般来讲，如果一个人的正常机能受到他与物品的关系的损害，同时他的物品占据了太多的生活空间，那他就进入了强迫性囤积的范畴。

在某种程度上，这些标准是很主观的，而且很不幸的是，许多有这种问题的人都没有能力直面它或承认它。承认这种生活方式已经影响到了他们的生活，即使这一点在他们所爱的人眼中再清楚不过了。第一章里提到的梅利莎与她的丈夫巴里住在一幢囤满东西的房子里，他们的关系变得疏远，他们经常为房子的状况而争吵，这本身就说明了他们的生活已经失去控制。尽管如此，当我问梅利莎觉得房子如何时，她只是将它描述为"有点乱"。

购物疗法是灵丹妙药吗？

无论是强迫性囤积症患者还是非囤积者，面对生活中的无组织和凌乱，有时都会认为解决问题的办法是去商场购物。对于许多人来说，购物是一种愉快的、放松身心的社交活动。我个人就很喜欢购物，特别是与母亲一起，这是连接我们两个人的纽带。无处不在的广告和市场营销让我们相信，便利的物品和精美的奢侈品可以瞬间改善我们的生活——通过购买适宜的物品或最新的设备，没有什么问题不能解决。你的电脑本来用着挺好，但当你看到新款的 iPad，于是一瞬间，你有了买一件新东西的渴望，即使你的实际需求并没有改变。一般人都会受到这种影响，如果一个人对于物质财富有着扭曲的观念，这些无穷无尽的广告宣传对他的影响就更加可想而知了。

许多有囤积问题的人，会用购物的方式来应对他们的情绪问题，因为他们不知道还有什么别的办法来应对。

我曾经治疗过一位将近三十岁的女患者阿曼达，她与父母住在一起，每天一边收看家庭购物频道，一边在网上淘东西。她的父母经济宽裕，不需要阿曼达去工作或是干任何事情。但请注意，这并不意味着他们不希望她去上学或找一份工作，只不过他们没有把这个问题明说罢了。于是，阿曼达每天把自己关在屋里，沉浸在购物狂热中，完全与外界隔绝。门铃声是最令她兴奋的事情，她会三步并作两步飞奔下楼，就好像圣诞老人坐着雪橇送来礼物似的。她大喊着"我来了"，跑向 UPS 或联邦快递的送货员。一旦她拿到了她的宝贝，她就会跑回楼上，关上房门，开始拆包。

但一旦拆开了包裹，她就把她的新宝贝放在一边，不再过问，然后立刻回到网络上，继续购物。这种行为一直持续到她 27 岁她的父母向我寻求咨询的时候。他们的屋子变得越来越小，门廊和楼上的房间里塞满了箱子。我鼓励他们跟阿曼达划清界限，限制她的资金，并向她表明自己的期望。他们这样试过了，但阿曼达就是没法遵守这些规则，最终她同意自己来见我。

仅仅家访一次，我就明白了阿曼达的问题所在。接下来的几个月里，她开始到我的办公室接受治疗。我们讨论了购物对于解决她的最大问题——孤独，是怎样的空虚和无力。由于不习惯参加社交活动，阿曼达发现购物给了她一件事去做，让她感觉自己和外界还保持着联系。对她来说，获得想要的东西，这替代了有意义的人际交往。她渴望人际交往，却不知如何交往。我们讨论了有什么方法能让她重新融入社区，不再用强迫性购物作为接触世界的方式。她把那些能退货的物品退掉，用这笔钱参加了大学的课程。那些退不掉的东西进行了几次旧货甩卖，全都卖掉了。经过几个月的治疗以及后续跟进，阿曼达意识到她一直想用物品来让自己开心，并承认自己一直生活得很孤独。

有囤积倾向的非囤积者

每个人都有不得不舍弃某样物品的时候。区别强迫性囤积症患者和非囤积者的标准是，这件事到底有多困难，以及有多少物品难以舍弃。许多非囤积者会定期清理物品，整理柜子，并把用不上的东西捐赠或送出去。类似这样的行为可以使你的屋子保持整洁——至少可以让一间储藏室重新派上用场，如果缺乏这种行为，就有囤积倾向。

你是否有囤积倾向？

下面这些倾向在强迫性囤积症患者中很常见，在非囤积者中也可能存在。请阅读下列问题，看看其中有多少条引起了你的共鸣。

你是否感到难以丢弃物品，即使你永远用不上它们，或者它们已经坏掉了？

你的屋里是不是有很多物品，即使这不是你的永久住所？

你是否倾向于把东西堆起来，留到将来去处理，而这些东西会堆在那里好些天？

你的屋里是否有一些区域（比如餐桌），必须经过清理，才能发挥原本的用途？

你是否经常存留东西，因为担心将来有一天可能会用上？

你是否经常存留东西，但不清楚未来究竟会怎样使用它们？

你是否还留着一些本来准备作为礼物送出去的东西？

你是否有一些储物箱，搬家的时候总是带着，但从未打开过？

你是否经常多次购买同一件物品，因为忘了自己已经拥有它了？

你面对一笔"便宜买卖"的时候，是否感到难以自己，即使这东西你并不需要？

你是否会收集免费的东西，比如宾馆的洗发水或是餐馆里配汤的饼干，后来却从没用过或吃过？

回答"是"的问题越多，意味着你的囤积倾向越强，你的生活环境也就越有可能杂乱无章。如果所有的问题你都回答"是"，也不意味着你就是一个强迫性囤积症患者。我们许多人都有囤积倾向，但只要不断约束，事情就不会发展到影响你生活的地步。尽管如此，你的囤积倾向越强，你就越需要注意你的习惯，以保证生活环境不给你带来太多压力。

我的朋友亚历克莎（Alexa）最近帮她母亲清理了房

子,这间房子是她的继父罗伯特(Robert)过世后留下的。房子看上去很整洁,亚历克莎的母亲是一个细致的人,对物质财富的积累也不太在意。但有几间房是她继父的地盘,在那里,亚历克莎和母亲发现了一堆堆的物品和一抽屉一抽屉的纸张、地图、票根、火柴盒,这些东西来自母亲和继父结婚之前的旅行,还有过期的保修单、继父的孩子小时候的画作。她们还发现了从没用过的陶瓷罐,这是他工作时参加公关活动时获得的,至少有 20 个年头了;还有廉价的帆布手提袋,上面有他公司的标志;还有几台旧相机,它们使用的胶卷早已停产;她们还找到了一大堆未使用的办公用品和信封,上面的胶水早已经干掉了;还有一瓶瓶未开封的葡萄酒和烈酒,都是他收到的礼物,他把它们积攒下来,想着有一天聚会时能用上,即使他自己并不饮酒。这些物件的数量令人吃惊,而且全都多年未曾使用。

罗伯特不应被视为一个强迫性囤积症患者,因为他的物品没有影响到他的生活,他的房子也不是一团糟。但就像我们中的许多人一样,他有囤积倾向,有一间大房子,还用了一生的时间去填满它。他不需要扔掉任何东西,只要还有地方放,为什么要扔掉呢?就像许多人一样,如果遇到一样他暂时用不上的东西,他会把它留下来,以防将来有一天可能用上。

当亚历克莎清理的时候，她发现了一个橡皮圈缠成的大球，她觉得这是罗伯特囤积倾向的一个象征。这些橡皮圈是用来捆他的晨报的，每当他看到亚历克莎的母亲丢掉一根，他就会从垃圾堆里把它捡回来，缠到这个球上囤起来。他的孙子孙女们来看他的时候，曾经踢过这个球几次，即使他们早已对这个"球"失去了兴趣，他也一直把它留着，"以防万一"他们又想玩它。

就像大多数人一样，罗伯特更愿意把时间花在其他事情上，而并非整理物品本身。尽管罗伯特与他的物品的关系并没有什么特别不妥之处，但在他去世后，他妻子丢掉的东西还是塞满了一个 22 英尺长的大垃圾箱，此外还捐掉了几货车的东西。看到他保存下来的这些东西，亚历克莎和她的母亲感到特别心酸，因为这些东西都寄托着他的心意，这是强迫性囤积症患者常见的情况，罗伯特就是一个典型的有强烈囤积倾向的人。

为什么我们会保留这些东西？

像大多数人一样，罗伯特认为他的东西很特别，对他很有意义，即使这些意义别人看不出来。正是这种情感特性，赋予了我们的物品太多的力量，让它们得以影响我们的生活,并使保持生活整洁有序变得如此困难。

对于我们而言,物品可能有着不同的意义,下面是我们经常赋予它们的几种含义。

积极和消极的回忆

也许你收集了一些鹅卵石,它们是你小时候去海边玩时捡到的,看着这些被海水打磨的小石子,你又想起了那个愉快的海滩假日。或者也许你留着一件过去的演唱会 T 恤,上面已经污渍斑斑,不再合身,可是它让你无法割舍,因为买它的那个夜晚是你生命中最美好的夜晚之一。多年以来,42 岁的黛安娜(Diana)一直留着一件外套,尽管从来没穿过——因为这是在巴黎度蜜月时丈夫买给她的。"这件外套是白色天鹅绒的,我从来没穿过。因为我们有了小孩,它太容易弄脏了。它根本不适合平常穿着,但这是他给我买的,他觉得我会喜欢,他是多么想让我开心。"

当黛安娜和丈夫离婚后,她终于把这件外套捐出去了,因为它总让她想起自己的婚姻曾有着多么美好的前景,这让她非常伤心。而另一些人则会留下那些带给他们伤心回忆的东西,因为他们觉得,记住这些物品所代表的负面感觉是很重要的。罗比(Robbie)今年 53 岁,她仍然留着一盘自我防卫术的课程录像带，因为她在 30 岁出头的时候曾被性侵犯，之后就上了这个课。她从不会看这盘带子，实际上，她现在已经没有旧式录像机了。但她说："我觉得它提醒了我自己曾经经历过怎样的痛苦，让我看到自己已经走过了多远。实际上这让我感觉非常不好，但我觉得它很重要，一定要留着。"许多人都会购买纪念币和其他一些物件，来纪念"9·11 事件"。为一件悲剧性的事件留下纪念物，这并没有错，但当这些东西不再有用、还让你感觉糟糕，并且增加了杂乱时，我认为最好不要继续留着它们。

如何挑战自己？你是否保存着一些物品，只因为它们能勾起强烈的回忆（积极的或消极的）？当你整理这些物品的时候，每拿起一件，就问问你自己：它给你带来了美好的感受（比如温暖、快乐、骄傲、激动）吗？还是一看到它或触摸它，就让你感觉不好（比如愧疚、疏忽、后悔、惩罚）？如果一件物品让你感觉不好，丢掉它是没有问题的。如果你有杂乱的问题，那么即使一件物品让你感觉很好，你也应该考虑丢掉它。你应该分清主次，决定保留哪些物品，而不是试图保留每个网球赛的奖杯。我建议，创建一个小的、方便管理的纪念盒，或者只留下一件东西，作为胜利或积极回忆的象征。在黛安娜的婚姻破裂之后，她整理出了一大箱的照片。她丢掉了那些勾起负面回忆的照片,这激励了她把剩下的收进一本相册,而不是佯装看不见那一大箱照片,希望它们能自己变得有序起来。

我们生命的各个时期

亚历克莎留着几十本大学时期的哲学书,尽管她已经有二十多年没读过了,而且她现在的工作和哲学没有任何关系,所以未来估计也用不上。"我如此努力工作,生活压力又如此之大。我喜欢现在的工作,但这完全是一种责任。"她说,"这些书提醒我过去曾有一个时期,我有充足的时间去思考那些更宏大的、更加脱离现实的问题。"

保留几件物品,代表你生命中快乐的时期,这是很好的;不过如果出现杂乱问题,就需要有所取舍了。选出几本你当年上课时最喜欢的书,比如 10 本或 12 本,把它们摆放在书架上明显的位置,这既可以减少杂乱的程度,同时也能留住那些愉快的回忆。亚历克莎希望能保持大学时期那种智力上的好奇心,这本身并没有问题。但有时我们留下过去的物品,是为了给自己上一课,这就不太好了。我们中的许多人,从小就接受这样的教育:相信愧疚和自我惩罚可以激励我们向前,但实际上,大多数情况下它们并不是有效的激励，却很可能让我们自暴自弃。卡萝尔(Carol)是一位43岁的制片人，我过去曾和她一起共事。她在车库里存放了几个大箱子，里面装满了照片，这些照片来自她过去两次失败的婚姻。当我问她为什么不丢掉这些照片，或者只留下一点儿，她说："这是我个人历史的一部分。如果我丢掉它们，意味着我放弃了自己的历史。我从两段婚姻中学到了很多。如果我放弃这些照片，是不是意味着我学到的东西不再重要？"

渴望借由保留一件物品来帮助你记住过去的教训，这听上去像是一个很好的理由。但更重要的是，这件物品是否真的能帮到你？卡萝尔告诉我说，她依然在为离开第一任丈夫而感到愧疚，看到这几箱照片并不会让她觉得自己已经变得成熟和智慧。相反，每次看到照片，她都会谴责自己，为什么会伤害一个她在意的人。卡萝尔也承认，她在某种程度上会认为，如果她丢掉了这些照片，她前夫的感情会受到伤害，虽然他们已经不再联系了，他也不可能知道这件事。这些箱子没有带来不好的影响，她的房子也非常井井有条，但是每次她停车的时候都会看到它们，这让卡萝尔没法在感情上跨过她的这段生活。这些箱子一直提醒着她，她没法回到过去，纠正犯下的错误。

如何挑战自己？你是不是保留了你用不上的东西，

只是觉得如果丢掉它们，你会感到愧疚，或者觉得自己是一个坏人？这是一种思维扭曲，一种"认为你的物品代表了你自己"的信念。这种信念不只是错误的，而且会让你被杂乱的物品包围。杂乱还让你的自我感觉更坏，而非更好。真相是，你留下什么东西，与你是一个什么样的人是没有关系的。问问你自己，你保留的这些东西是否真的让你不再重复过去的错误，还是只是提醒着你这些错误的存在？

过去的自我

卡拉（Carla）是一位 28 岁的新晋母亲，她没法丢掉一双高跟凉鞋。这双鞋是她 9 年前买的，鞋跟很高，几乎没法穿。那时她还是单身，在军营附近约会，遇到了她现在的丈夫。留下这双鞋并不会带来什么坏处，因为它们不会占据太多的空间，她的家也不是很乱。但卡拉明白，她不会再穿它们了，"除非是为了万圣节的装扮，"她开玩笑说，"但我不再是那种人了。"

每次看到这双鞋，卡拉都会微笑，也许她保存它们，在一定程度上是因为，每当新晋母亲的身份让她无法承受时，她可以借此看到过去的自己，沉浸在过去的时光中。但是，就像保存那些勾起负面回忆的东西一样，有些人会留下这些东西，去提醒自己已经不是过去的那个自己了。

塔拉(Tara)是一位 42 岁的研究生，她 13 岁的时候经历了一次恐怖的创伤：她遇到了火灾，留下了严重的伤疤。因此她的青少年时期过得非常痛苦，因为她总要去医院，而且伤疤影响了她对外表的自信。克服身体和情感上的创伤，这足足花了她将近 20 年的时间。

第一次告诉我这些时，塔拉说在她康复的每个阶段，自己都好像变成了完全不同的人。在痛苦挣扎的过程中，有一些书、衣服和照片对她很重要。"我觉得自己应该留着这些东西，否则就玷污了过去的那个我，那时的我很需要这些东西。"塔拉说。这些物品给了她一种感觉，让她确认自己过去所经历过的种种挣扎，尽管如今它们并不会带来美好的回忆。经过治疗，塔拉能够认识到她的许多思维错误或是认知扭曲。正是这些错误及扭曲让她保留了这些物品，不愿意放弃任何一件，就像不愿意放弃自我的任何一部分。这种转变虽不是一夜之间发生的，但渐渐地，她终于能够丢掉其中的许多东西。

如何挑战自己？是否有一件特殊的物品，让你回想起自己曾经是怎样的一个人？如果是的话，而且这件东西又很小，不会让你的屋子更乱，那就留下它吧。但如果有许多这样的东西，特别是如果它们让你沉浸在过去的生活创伤中,那就考虑放弃它们吧。你并不需要留下这些物品,才能为自己的改变而感到自豪。在塔拉的案例中,我告诉她,过去那个经历了如此多痛苦的人,让她成为了今天这个强大的人,她不需要那些物品来帮助她记住这一点。她发现,这种认知的改变让她获得了巨大的放松,她终于可以丢掉其中的许多物品了。

愿　望

人们经常会购买象征着身份地位的东西(有可能是一些山寨品),例如名牌手包、鞋子、太阳镜,或是其他一些我们每天都带着的东西。即使我们不能完全负担它们,但通过这些东西至少向我们周围的人传递了我们的地位和价值的信息:我就是想要成为这种人。

苏珊(Susan)是两个孩子的母亲,也是一位药物滥用咨询师。尽管她已经两年没工作了,但她还在购买最新的笔记本电脑、太阳镜和手包,并且开着一辆她几乎负担不起的好车。她说这是因为她必须打扮得很好,才能找到一份好工作。但是,为了维持某种特定的形象,她正在花费超过自己承受能力的钱财,而且生活杂乱程度与日俱增。

对于苏珊来说,她最看重的是可能性——可能会成为负担得起这些物品的人，这也是这些物品的意义所在。她害怕如果丢掉它们，所有可能性也会被一起丢掉。

如何挑战自己？拥有这些高档的商品，是否真的能够帮助你接近目标，还是只是在购买的时候给你带来短暂的快感？真相就是，追寻那些富有和成功的外在表现，只会让你花费你所不具有的钱财，增加你的杂乱程度，以及收到账单时会让你后悔。在某种程度上，外在表现是很重要的，我们都应该为我们的外表感到骄傲。但身份的象征只是象征，而不是地位本身。我们应该将情感更专注于想做什么和怎么去做，而不是专注于外在象征。

那些已经不在我们身边的人

保留一本书或一件首饰，因为它曾经属于一个我们爱着的人，这是很常见的现象。已经过世的亲人的照片，可以帮助我们记住他们，看到这些照片确实可以勾起快乐的回忆。丹尼丝是一位 46 岁的房产经纪人，曾是我的患者。她的房子里塞满了儿童玩具，丹尼丝的孩子们已经长大成人，很多年前就搬走了。虽然她的孩子们并没有离开这个世界，但他们的童年早已经过去了。丹尼丝需要努力弄明白，这些回忆不只存在于这些物件中，更存在于她的心里。学会放弃其中的一些东西，能帮助她从情绪中走出来,并在体验新的事物和创造新的回忆中成长。这些才是她未来可以珍视的东西。

实际上,通过物品来保存对于深爱的人的回忆,这会极大地影响活着的人的生活。比尔,那个女儿被醉驾司机撞死的警察,保留了她的衣物和儿童时期的物品,却因为悲伤而让他没法整理它们。这些东西大部分都堆在地下室里发霉,被老鼠啃食或被粪便污染。尽管如此,他相信女儿的一部分留在了她的衣物中,这就是为什么丢掉它们对他来说如此困难。虽然保留女儿的一些遗物本身不是问题,但他的囤积却让他无法克服女儿去世带来的悲伤。他越是逃避,他的囤积就越严重,他面对生活的力量就越小。简而言之,活在过去让他无法拥抱现在,因为面对现实对他来说太过痛苦。

如何挑战自己?你是否用很有意义的方式来纪念你所爱的人?还是有更好的方法来尊重有关他们的回忆,比如以他们的名义进行慈善捐助,或是只保留他们的一个小物件,而不是那么多件? 如果你作出了好的决策,将有益于你的生活环境和心理健康,那么这些曾经出现在我们生活中的人,也会为你感到骄傲。选择一件逝者留下的遗物,如果你和那个人的关系不好,看到这件东西就会让你想到这一点,并勾起你不好的回忆,那么就不要把它放在每天都能看到的地方,而是放到一个你想拿才能拿到的地方。如果在清理杂物的时候，你发现有空间存放更多这样的物品，那很好。但请记住，你爱的人可能更希望他的遗物被尊重，放在可以被欣赏的地方，而不是混在一堆杂物当中，或是被压在一堆东西下面。

匮乏的时期

我成长在一个富裕的社区，但我的家庭并不像邻居那么富有——他们都有名牌牛仔裤，而我一个女孩子却只有短裤穿。不知多少次我听人对我说："等着发洪水呢，罗宾？"所以在某种程度上，是因为这个原因，我现在很喜欢衣服，热爱购物。我努力不买新的衣服回家，除非我能丢掉相同数量的旧衣服，这样我的柜子就不会太满。不过我确实能从这些超出基本需要的物品中获得一些安慰。

如果对于匮乏的恐惧导致人们积累了太多的物品，多到没法用得上，这就出现问题了。我的患者多米尼克（Dominique）就是如此，她是一位时尚设计师，有三个孩子。离婚之后，她非常担心财务问题，所以她会留存下任何物品，以防将来没钱买这些东西。她也会购物，把她子女的补助花在买衣服上，既因为这是她的爱好，也因为这能缓解她的焦虑。大量的囤积使她破产，她还要面临着可能失去生命中最重要的东西——她的女儿们——的危险。

类似的，亚历克莎的祖父威廉（William）也有一柜子不会再穿的衣服，甚至还留着一盒香皂，这盒香皂让他皮肤发炎，所以也不会再用了。对他来说，扔掉其中任何一样东西都好像是一种浪费，因为他是大萧条时期成长起来的孩子，他清楚地记得物资匮乏的感觉。像罗伯特一样，他死后留下了一柜子不再需要的东西。

如何挑战自己？你是否购物过度，以此来弥补儿时的物资匮乏，或是以此来防止未来无法得到需要的东西？如果是这样，那就请你问问自己，你要买的东西是不是真的能够解决其中任何一个问题？答案应该是"不"。如果你不太确定，那么就请列出一个你拥有的物品清单，包括正在使用的和没有使用的。请记住，如果一件物品你现在或近期都用不上，那它就不算一笔"便宜买卖"。买一件你不需要的东西，以此来避免"想得却不可得"的窘境，这实际上会更浪费你的金钱。而且具有讽刺意味的是，它会让你更难买下那些你真正需要的东西。

成　就

几年以前，我曾治疗过一位饱受焦虑困扰的小男孩。

你体内的囤积欲

他的房间非常乱,而且他表现出了杂乱问题的早期征兆。我问他,是否有东西难以割舍。他向我展示了一个两年前的笔记本,它如此破旧,封面的硬纸板都磨穿了。他说他喜欢那一年的老师,在她的班上他得到了有生以来最好的成绩——他不想忘记她。他告诉我,他害怕如果丢掉了这个笔记本,就意味着他不再在意这位帮他发挥潜力的老师,也意味着他丢掉了过去取得的成就。我认可了他的感受,理解他的担忧,但同时也发出质疑,成就并不会随着笔记本的扔掉而消失。我给他举了奥运会冠军的例子:如果冠军丢掉了金牌,是否意味着他没有赢得比赛?通过指出他思维的扭曲之处,我帮助他明白了,扔掉这些物品并不会减少他的成就。

如何挑战自己?丢弃一件象征了巨大成就的物品,是否会让你过去取得的成功缩水?应该不会。你的生活经历属于你自己,不管是否有个实体的物件品来提醒你已获得的成就。如果这个物品已经破损,或者对你不再有重要的意义,那么丢掉它是很合理的。各种成就的象征物——奖杯、奖牌、感谢信,是否值得保存,取决于你有多少东西。如果你有杂乱方面的问题,那么选一两件保存,或者制作一本关于你自己的剪贴簿,而非保留那么多物件,这可以帮助你维持一个整洁的环境。

惩　罚

　　我认识一个人，他拥有满满一柜子的高中橄榄球奖杯，那时他是校队的明星前锋。现在他发胖了，只会在周末偶尔玩玩橄榄球。但他一直留着这些奖杯，以提醒自己需要恢复体形。女人们（比如凯特，你可能还记得，她保存着已经小了两号的衣服）经常做这种事，她们会留下十年前合身的牛仔裤，或是大学时的衣服，因为她们觉得这些物品会激励自己恢复身材。她们认为自己应该将这些纪念物视为一种自我惩罚，针对体重上涨和减肥失败。

　　卡萝尔，那个在车库里保存了一箱箱照片的女人，也是为了给自己上一课。她的第二任丈夫是一个骗子，他看上去一切都很好，把自己装扮成非常成功的样子。但他实际上没有工作，骗走卡萝尔的钱后就跑掉了。卡萝尔对于他们飞速进展的关系曾有过模糊的不安，但她把这些担忧都抛到了一边，因为她处在热恋当中。她说："那时候真的很苦恼，但他的离开是一种礼物。我不想再犯同样的错误，我相信这些照片可以帮助我保持在正轨上。"她相信通过看这些箱子（她从没看过里面的照片），可以提醒她遵从自己的直觉。

　　对此我并不确定。在我看来，这更像是一种自我惩罚,这样的负面激励和自责一般不会带来什么积极的改变。有时我在帮助患者整理物品的时候,我会询问一样物品的价值或意义。在几轮问题之后,很明显看出他留下这样东西不是因为喜欢或者用得上,而是因为他花了钱在上面,而现在感到后悔。他会说,留下它可以提醒自己,不要把钱花在愚蠢的消费上。"我当初买它实在是太蠢了",这是一种典型的自我惩罚的说法。当我问他反复提醒自己的"愚蠢"是否有好处时,回答通常是否定的。

如何挑战自己?你是否留着一件或一些特别的物品,因为你觉得它会让你感觉自己足够糟糕,以至于会去改变你的行为?如果是这样,还是丢掉它吧。负面的激励通常不管用,尽管许多家长会用这种方式激励孩子,特别是如果他们自己就是这样被抚养大的。想象一下你是一位雇主,你希望雇员工作得更好一些。为了激励他,你会吹毛求疵、侮辱他的智力,还是称赞他的工作、指出进步的空间呢?对于与自己"交谈"来说也是如此,你激励自己的方式是由你选择保留的物品所决定的。如果你关注过去的成功,而非过去的失败,那么你可能会收获更好的结果,并减少挫败感。

一般的可能性

几年以前,我帮助过一个叫唐娜(Donna)的女人。她过着非常充实的生活，有三个孩子和六个孙子辈，每周工作40小时，晚上还经常要照看孙子孙女。唐娜的房屋堆满了各种手工艺材料，这些都属于她想要开展的"项目"，有刺绣用的纱线、剪贴用的纸，还有粉刷和修理房屋所需的各种材料——但所有这些事情都没有完成。尽管如此，每当周末购物的时候，她总会来到一间喜欢的手工艺品商店，"只是随便逛逛，看看有没有便宜买卖"。当然有，便宜买卖总是有的。我认为这些材料代表了一种可能性，即她认为自己会慢慢有时间从事这些活动，这种乐观主义让她感觉很好。

但是，唐娜把一袋袋的原材料买回家，之后就把它们放在餐厅、起居室和闲置的卧室的地板上。这些房间已都塞得很满，几乎没法进入。她从不处理任何材料（屋子已经非常拥挤了，没有地方放），所以这些袋子就一直放在那里。她的丈夫已经不再过问她买了什么，他觉得这是一场注定失败的战争，因为询问总会变成争吵，而她总能为自己的行为找到合理的解释。这个时候她总是信誓旦旦地说，这件事情一定会完成。在过去的四年里，他们的房子一直挂着圣诞节的装饰，就连把这些装饰取下来都没有去做。工艺室及其周围的地方挂满了各种节日装饰，包括国庆节、感恩节、复活节的，还有所有其他节日的。一堆堆、一袋袋、一盒盒的节日物品，一样都没用过，但她还是会继续买,因为抵挡不住节后清仓甩卖的诱惑。唐娜美好的意愿没有给她带来任何好处,只带给她一个杂乱的房屋和一段关系紧张的婚姻。

如何挑战自己? 你是否有一堆物品,可能放在车库或地下室里,买的时候希望用来改善你的房屋,但从没有真正施行过? 将来你是否真的会用上它们? 如果不是,那就请考虑把它们捐出去或丢掉吧。最坏的结果不过是,当你有了时间去施行你的计划,你还要再买一遍。但如果你扔掉了它们,你就会意识到,冒这一点风险不会影响你未来的生活。整洁有序的房屋和心灵,它们的价值远远超过了那些物品本身。

安　全

拥有比所需更多的东西,这会让许多人更有安全感。例如,你可能会想,"如果每次促销的时候都买一瓶我最喜欢的洗发露,那我就永远不用担心某天早上会用完"。接下来,在你能意识到之前,你的浴室橱柜里就堆满了一瓶瓶的洗发露,没有地方再放别的化妆品。

62 岁的迈克尔(Michael)是一名保险经纪人,在一个大家庭里长大。有许多次,他打算回家吃点什么,到家以后却发现他的某个兄弟姐妹已经把东西吃掉了。"直到现在，虽然我只和老伴一起住，她吃得也不多，但我还是会买比我们需要的更多的食物。"他笑着说。迈克尔一次会买四罐汤，或者四盒意大利面，而非只买一两份。"我老伴开玩笑地说，我们都可以开一间施粥厂了。她说的没错，但我还是喜欢这种感觉——我想吃的东西一回家就能吃到。"迈克尔不只过度囤积食物，还囤积纸巾、厕纸、洗发露、剃须膏和剃刀，这些都是生活必需品。换句话说，童年时期他只是担心食物会被吃完，现在这种恐惧已经蔓延到了他生活的其他领域。

人们囤积食物或其他日用品，不全是由多年以前的物质匮乏经历引起的。便宜的买卖——"买二赠一"、"买了这件，另一件半价（另一件通常是你不需要的东西）"——带来的激动也会引发这种行为。那些难以抵御便宜买卖诱惑的人在大卖场购物时，通常难以作出正确的消费决策。因为这些卖场的基本原则就是，买得越多，价钱越便宜。而每个人都喜欢便宜买卖。

如此问题便诞生了，人们很容易就会买下比自己所需要的更多的东西，弄乱房屋。当你囤积食品的时候，你不太可能清楚地记得家里已经有了什么，还需要哪些，结果就是，你会买很多同样的东西。而食品又有其特殊性，因为食品的保存期通常很短。囤积食物者经常在食品过期之后也不丢掉它——在他们的头脑里，它仍然可能有用。他们经常会说，食品保质期是厂商随意决定的，为的就是让我们买更多的食品，所以过期就扔掉绝对是一种浪费。虽然他们不吃过期食品，但他们还会继续买更多。我见过无数人留着腐烂的香蕉，留着三年多以前的牛奶，留着十多年前的食品罐头。

塔拉，那个收集"属于过去的自我"的物品的女人，童年时曾被烧伤，那段时间都是在医院度过的。她向我承认，她的冰箱里有一条三年前烤的面包。童年的时候，她的胃口非常差，很少有食物能够吃得下，所以她会特别注意保留自己能吃的东西。现在她已经能吃任何想吃的东西了，但还是没法放弃那条面包。我们讨论这件事的时候，塔拉笑着说她明白留着三年前的面包是不理智的行为，有一次她甚至尝过一口，感觉就像"冷库的味道"。但她觉得如果留着它，将来也许能用它做面包屑。最终，我们把问题讨论清楚了，如果需要的话，她可以有更多的面包，只是这条面包味道已经很糟糕了，所以她不太可能用它做面包屑，她终于扔掉了这条面包。塔拉在头脑里想象了如果没有面包会是什么情况，接下来才意识到，作为一个成年人（而非一个等着他人送来食物的生病的小孩），她完全可以应付这种情况。

如何挑战自己？你是否在家里保存了比所需更多的食物？你是否不能抵御食品杂货店的便宜买卖，最终发现你买了太多的罐头汤或麦片而不知道如何处理它们？如果一个人存下了吃不完的食物，我会建议他整理一下冰箱、食品储藏室、碗柜以及任何其他存储空间，并把所有的过期食品扔掉。不要找借口说它们可能还没变质！你没法把过期食品捐给别人，食品库不会接收它们的。如果确实过期了，你自己也不要吃它们。接下来，考虑一下如何用现有的食材做饭。从现在开始，除非列出一份必需品的清单，否则不要去购物。小心不要陷进优惠活动里面，记住，只买你需要的东西。

你的物品体现了什么

当然，任何物品都可能具有象征意义，但这并不意味着你保存的每一件物品都象征着你生活中某种有意义的东西。例如，有杂乱问题的人可能会积攒几十支钢笔，仅仅是因为它们还能使用，或未来有可能需要使用。但钢笔并不难获得，也没有人同时需要好几支。我发现，在人们倾向于保留、不愿意割舍的物品种类中，存在着某些规律。下面是一些常见的、可能给房屋带来杂乱问题的物品。

● 书：如此多的人强迫性地囤积书籍，以至于有一个专门的词来描述这种现象：藏书癖。你的藏书行为究竟属于藏书癖，还是仅仅出于对书籍的喜爱（爱书族不是一种心理障碍），这取决于书的数量和种类，以及你的生活环境。琼的藏书占领了她的房屋，而且大多数都被她的猫毁掉了。她对于书有一种特别的需求，但这已经超过了阅读或收集带来的简单享受。这些书对于她的房子来说是一种负担，让她不能生活在健康的环境里，因为它们在地板上高高堆起，或者在书架上排了两排。还有许多书装在袋子里，这些袋子却成了她养的那些猫的小便池。

对于我们大多数人来说，书籍是一种积极的象征。就像亚历克莎的经历那样，书籍可以代表我们生命的一个时期，那时我们有时间去阅读和思考。还有许多人保存书籍是因为这意味着知识和信息在他们的掌控之中；或者因为他们相信，书的装饰可以让房屋主人显得聪明、博学。已经拥有过多的书籍，但毫无办法去整理，这通常是因为害怕无法随时获取它们所包含的信息而造成的。

● 杂志：许多强迫性囤积症患者会保留一堆堆的杂志和报纸，而它们已经发霉或受潮，可能会对健康产生危害。大部分这样做的人都会说，他们计划在某个时候拿出来阅读。不过如果继续追问，他们就会给出非常有意思的解释，有些人说，他们感觉自己在保存那个年代的记忆（当然，记忆实际上存在于他们的心里，而非杂志里）；

另一些人则说，报纸是许多人劳动的成果，如果把它扔掉，对于那些为报纸努力工作的人而言就太残酷了。大部分的非囤积者保存它们则是因为，杂志或报纸中有他们希望参考使用的东西，比如一份菜谱或是一个书评，他们想以此来提醒自己购买这些东西。

● 电子邮件、短信和语音邮件：网络囤积是我观察到的一种新现象，常见于那些并没有其他杂乱问题的人。史蒂文（Steven）是一名 25 岁的大学生，曾因为强迫症、社交恐惧症等多种焦虑问题来到我的诊所就诊。他的家庭非常不正常，多年来他的父母作出了许多充满敌意和难以预测的行为，这让他非常焦虑。

第一次与史蒂文接触的时候，我给他打了几次电话进行跟踪随访，却发现每次他的语音信箱都是满的。我问起这件事，他解释说他保留了高中时的所有信息（虽然他已经毕业许多年了），还保留着来自家庭成员的所有信息。我问他为什么不删掉这些信息，他说高中是他生命中最美好的时光，他怕删掉的话会忘掉这些回忆。他还说，因为焦虑的问题，过去几年里他没有任何愉快的回忆，而且害怕将来也不会有了。他保留家人的信息也是出于这个原因："如果他们不再给我发送这样的信息，那该怎么办？"讽刺的是，保留所有这些信息，意味着史蒂文没法再接收新的信息，这不仅违背了语音邮件的初衷，甚至影响到了他结交新朋友的机会。史蒂文的网络囤积虽然不占据物理空间，但仍然影响了他的正常生活。

电子邮件的囤积行为比一般人想象的更加普遍。22岁的桑迪（Sandy）是一名自由平面设计师，她最近不得不申请了一个新邮箱，因为她的旧邮箱已经达到了空间上限。她没法删除任何旧的电子邮件，即使有些已经是四年前的了。桑迪担心她可能需要一段对话的细节，而如果她清理了收件箱，这些信息就永远丢失了。她知道有许多邮件是可以删除的，但她非常担心会错删邮件，这会让她后悔不已。而且她担心如果不能找到需要的邮件，可能会让她的收入受损，或者丢失重要联系人的信息。此外，处理收件箱中上万封邮件所需的时间实在令人望而生畏，桑迪知道，如果邮件没那么多，她应该能处理好，但现在她对这种状况感到无能为力。对她来说最简单的办法是关掉邮箱，不再打开。建立新的邮件账户并不困难，但这会扰乱她的客户。

● 记录、银行对账单和文件：许多人没法很好地整理他们的文件，特别是那些在家工作的人。53岁的乔伊（Joy）的屋子本来很整洁，但她在家里开了摄影坊，于是过去十年里积累了几十箱图片和文件。"每当我想要扔掉它们，我就会想起有人可能会索要某张图片，到那时我就会后悔扔掉它们，而且这会带来经济损失。"她说。乔伊明白,为了预防某人找一张图片就留存着几万张,这种做法确实有些过头了。但是,她仍然留着它们。

我相信,一般人囤积这种杂物的主要原因在于,大多数人并不知道要保留什么、丢弃什么——例如,你需要保存银行对账单多久?国税局会查你多久的账?如果保留这类东西有某种象征意义的话,那可能就在于这些东西象征着责任感。尽管在现实中,这种杂乱会让你无法在需要的时候找到需要的东西。本书第七章会进一步告诉你,有哪些东西是你需要保留的,应该保留多久。

● 鞋子、手袋和衣服:不管怎样,我认为对于女人来说,鞋子和包代表了选择,而拥有选择权的感觉是很好的,更不用说即使其他东西不再合身了,鞋子也仍然会是合脚的。保留不再合身的衣服,想象着将来有一天它们又会合身,这可能代表了一种希望。或许你已经减肥成功,但还留着那些宽大的衣服,这是为了提醒自己不要再变成那样;或者在某种程度上这是一种许可,允许自己重新发胖。

一些女性通过衣服来表达自我,她们更有可能积攒多于自己需要的衣服。安妮塔(Anita)是一个非营利组织的管理员,与舍友住在一起。她的居所,就像是一家微型博物馆。"我害怕抛弃我的衣服——它们就像是一种身份认同,"安妮塔说,"这些衣服代表了我不同时期的生命。"她保留着高中时的拉拉队 T 恤、大学时的水手服、各种休闲服装和职业服装，"这些身份是相互冲突的，但它们都是我。"她这样说，还有她喜欢去音乐会时的"嬉皮"装，"所有这些不同种类的衣服一起组成了我这个人，我喜欢所有这些部分。"

如果你有足够的空间放下所有的衣服，那很好。但是，如果你像安妮塔一样空间紧张，而且没法让你的东西保持整齐，那么就应该考虑清理你的衣柜，扔掉你不需要的东西。你仍然可以为自己生命的不同部分感到自豪，但无需保留与它们相关的全部行头。

● 珠宝：一个订婚戒指象征着一个诺言或者一段承诺，而那些"纪念"首饰，比如你丈夫在你怀第一个孩子时送你的项链，象征着他对于你们共同经历以及共同创造的生命的感念。当然，珠宝也可以是财富的象征，它不会占据太多空间，对于大多数人来说也不是杂乱的主要来源。许多非囤积者也会有一个盒子，里面装着她们希望有一天能配上对的耳环，或是希望能修好的破损首饰，或是别人赠送的但大概永远不会穿戴的饰品。

● 孩子的东西：那些子女已经长大成人的家长，经常会依恋孩子小时候的玩具和衣服，甚至超过了依恋孩子本人。这可能代表了一段单纯的时光，或者只是出于初为人父母的那份爱。保留一件小物品——一个中意的娃娃或一辆玩具卡车，留给你的孙辈看，这没有问题；但保留太多没人使用的玩具或衣服，这只会增加你的杂乱程度。

一座杂物的堡垒

在这一章里，我们大部分时间都在关注普通物品的象征意义，还有与它们联系在一起的情感。但是，有些人更加关注物品在不在身边而非质量如何，以从中获得慰藉，或者至少获得熟悉感。杂物是因其物理属性而非它们的内涵，让它们难以被丢弃。

造成这种困境的其中一个原因是，物理上的杂乱让人觉得具有保护性，这些东西就像一道屏障，在情感上会带来安全感。多米尼克说，她的强迫性囤积症在离婚之后愈演愈烈，她相信这是在保护自己将来免受爱情带来的痛苦。琼，我们第一章中提到的女人，曾经历过可怕的虐待，包括性虐待，所以她用一道物品之墙来阻止外来者。一个塞满东西的房子完全可以阻止任何人进入她的生活，包括男人，因为她没给别人留下任何空间。我的患者们经常会谈到，他们待在自己的物品旁边时会感到放松。他们说，拥有许多东西可以代替人际关系中无法满足的情感需求，但具有讽刺意味的是，这也能妨碍关系的形成。有些人对他们的人际关系不满意，于是把这种需要转移到与物品的关系上，这让他们感到一种紧密的联系。在强迫性动物囤积症患者中也能观察到这一点，他们可以从自己的许多宠物中得到无条件的爱与注意。

许多人说，他只是没时间保持环境的整洁，他确实很忙，就像他"买不起某样东西，其实是想把钱花到买其他东西上"一样。当一个人说他没时间整理和丢弃东西，他的意思是他更愿意或需要将时间用在其他事情上。

对于一些人来说，这是没有问题的，但我想指出，对于我们大多数人来说，不去处理你的杂物，不去花时间改善你的生活环境，让它变得温馨宁静，从长远来看这是一种损失。此时此刻，你可能觉得不去处理杂物更轻松，但从整体来看，这会让生活变得更加困难，也会增加你的压力值。

当然，不是所有生活空间杂乱的人都有杂乱的内心，但对一些人来说确实如此，尤其是那些强迫性囤积症患者。我相信这是一个"先有鸡还是先有蛋"的问题：内心杂乱，那么混乱的思维和心烦意乱的感觉会让你不去整理自己的生活空间；接下来，凌乱的生活空间会带来压力——那堆纸提醒着你还有一件杂事没做，这会增加你的失控感和烦乱感。这是一种恶性循环，让你的整理行为无法实现。

如果一个人有抑郁的问题，或者内心自卑，那么他可能不会注意自己的外表；相似地，他可能也不会努力保持生活环境的整洁和有序。此外，我听过人们一遍又一遍地说，他们愿意为了别人清理房间，比如有人来访，但不会为了自己这样做。"如果有人来，我会让这些东西看上去漂亮一点，"安妮塔说，尽管这不会带来真正的清洁和整理，因为这些工作让她感到无能为力，"为了达到整洁的效果，必须把各种东西藏起来。"

我们保留物品的原因，既与我们的生活有关，也与我们成长的环境有关，有时还和过去的创伤有关。对于非囤积者来说，可能一件物品不存在特别的象征意义；也可能你只是不会整理，或者有一些扭曲的观念，让你无法作出好的决策，拥有更整洁的房屋。如果你喜欢一样东西，并有空间来存放，那么保留它并没有什么错。

但是，如果一件或一类物品让你感到特别无能为力（比如，桌子上的纸张堆得太高，让你无法找到需要的东西），那么就需要想一想，为什么丢弃或整理物品会让你感到困难。理解你存留物品的动机，还有不愿去清理或整理物品的原因，这会帮助你作出持久的转变，创造一种压力较小的生活。

你的物品代表了什么？

这个练习可以帮助你确定，你的物品对你而言意味着什么。你只需要针对那些不知道是否要保留的物品，或者拥有很多件的物品，回答下列问题。了解你留存物品的原因，可以帮助你决定是否真的要保留它们，还是把它们扔掉，或是送给更需要的人。

1.你看到这件物品时的感受是什么？它是否让你感觉很好？或者是否勾起了你负面的感觉，比如悲伤或者后悔？

2.你是如何得到这件物品的？它是否曾属于其他人？一件物品的历史，比如是不是一件礼物，或者是不是曾经属于一个对你来说很重要的人，会不会影响你对它的感受？

3.你为什么想保留它？

4.如果丢掉它，对你来说意味着什么？例如，你会不会感到浪费？会不会觉得放弃的不只是一件物品，而是你的一部分历史或者身份认同？

5.如果放弃这件物品，你会有怎样的担心？

你害怕的是不是如果别人知道你丢弃了它，他们会怎么看你？有时，如果一件物品是一个朋友或家人赠予的，人们会下意识地害怕，如果丢掉它别人会怎么想。

3

"你爱你那堆东西超过爱我！"

就像许多心理问题一样，一开始强迫性囤积症患者一般不会寻求帮助，直到他们坠入谷底。他们通常会拒绝承认问题的存在，与一堆一堆的东西相伴，有时还要忍受危害健康的环境，这种环境让别人不愿意接近他们。很难想象，还有什么事比这感觉更糟，还有什么事能比这个让人更加绝望，所以他们最终会走出来寻求帮助。

"谷底"到底什么样，这是一件主观的事情，取决于每个人的情况。可能是屋子面临报废的危险；可能是政府准备把小孩或宠物带走，以保证他们的安全；或者，更常见的是，配偶或子女十分担忧他的安全，终于发出了最后通牒：要么选择我们，要么选择你的东西。

玛丽·安（Mary Ann）的家人就给了她这样的最后通牒，他们已经到达了忍耐的极限。玛丽·安已婚并有两个十几岁的孩子，她从来不是一个整洁的人。自从她的母亲因癌症逝世之后，她房屋的囤积程度已经达到了第4级。她母亲曾和她住在一起，而她们的共同爱好之一就是去旧货甩卖中心淘东西。母亲去世后，玛丽·安继续徘徊在各种车库和庭院卖场中。她没法扔掉母亲留下来的任何东西，并且开始把各种新买的宝贝塞进原来属于母亲的房间。

有趣的是，她带回家的东西并不是她自己平时会买的，而是她相信母亲会喜欢的东西。在某种程度上，她觉得这些东西会让她的母亲高兴，即便她已不在人世。

母亲的房间塞满之后，这些"宝贝"开始占领起居室、餐厅，最终开始侵占孩子们的房间。在她的家里，书、娃娃、动物玩具、衣服和瓷器随处可见。孩子们不断的抗议并没有让她改变。最开始，玛丽·安的丈夫蒂姆（Tim）鼓励孩子们耐心一点，因为他觉得，妻子需要时间从母亲去世的悲痛中恢复。

但是，问题渐渐严重起来，孩子们的衣柜已经塞得如此之满，以致没法取出他们自己的校服了。他们已经几个月没有朋友来访了，他们不仅为自己的生活环境感到尴尬，而且也没地方玩耍。玛丽·安的疯狂购物还给家里带来了经济问题，孩子们不得不从二手商店买衣服穿，一笔又一笔的存款被动用，玛丽·安一直在花费家庭的积蓄。

9个月之后，蒂姆终于感到，为了他的家庭和他自己，也为了玛丽·安，他必须设置界限。她的囤积行为已经发展得如此严重，不知道如何才能从中走出来。我见过许多类似的情况，强迫性囤积症患者感受到越来越多的羞耻、愧疚和尴尬，也越来越难走出来。

在某一个"我受够了"的时刻，蒂姆和两个孩子一起向玛丽·安表达了担忧，并发出了最后通牒。蒂姆说，除非她答应接受治疗，否则他会送孩子们去爷爷奶奶家过夜，而且他自己也不会再待在家里。玛丽·安哭着向家人恳求，她保证自己能够控制事态的发展，希望他们再给她一次机会。蒂姆拒绝了，他说她必须找专家咨询，最终他们找到了我。请记住，威胁和最后通牒并不是很好的出发点。但是，如果一个人的囤积行为已经发展到了让家人处于危险之中，并且找不到其他解决办法时，那么这种做法可能是必要的。

玛丽·安家人的介入，确实促使她接受了必需的治疗，所以她的故事有一个愉快的结局：玛丽·安最终走出了悲痛，也纠正了她的囤积行为。她的家庭终于能够居住在一个相对整洁有序的房屋里。但许多时候，来自家庭的帮助可能会带来令人心碎的结局。41岁的迪娜（Dina）回忆起她的家人是如何与她的姑姑交流的，她姑姑一直饱受强迫性囤积和肥胖的困扰。"如此多的人批判她的囤积症，还有她的体重，但没有人考虑她对社区的贡献。"迪娜回忆道。她姑姑性格外向，并且愿意为几个本地组织提供志愿服务，因此在社区中很有名。迪娜相信，姑姑的肥胖问题在一定程度上是因为她没法在屋中走动。

"家里人争执不休，因为她的问题而贬低她、让她羞愧，"迪娜说，"他们是因为这些问题而发火，而不是尝试理解，这让我很沮丧。每次我和她谈起家人是如何对待她的，她只会说：'哦，我的甜心，不用担心。'"当迪娜的母亲和其他亲戚诋毁姑姑时，迪娜会离开房间，这种无言的抗议默默地影响了他们，让他们在迪娜在场时语言变得温和一些。但是，迪娜仍然没法让他们明白，他们对于姑姑的愤怒、批判和攻击，都无助于解决问题。

最终，迪娜的姑姑死于心脏病发作，有人怀疑，如果赶来的医护人员能够在她家里找到一个地方让她平躺，以实施心肺复苏术，那她可能不会死。"直到姑姑死后，我的母亲才意识到她对社区所作贡献，因为大家都在她的葬礼上谈论了这些。我能够感到，她为自己如何对待姑姑而感到后悔。"迪娜回忆说。不幸的是，这件事再也无法补救。

属于整个家庭的问题

如果你自己没有囤积问题，你所爱的人却因为强迫性囤积症而忽视了你的需求和担忧，这让你感到非常沮丧和愤怒，是完全可以理解的。一个人宁愿"选择"一堆常人眼中的垃圾而非身边亲近的人，这确实令人难以承受。

我深信，强迫性囤积症的治疗不仅涉及本人，还涉及整个家庭，因为囤积行为的背后涉及许多复杂的机制、愤怒的情绪和不能解决的问题，这些导致了患者不寻常的行为。我会尝试提醒强迫性囤积症患者的家人，为什么他会"选择"他的物品而非家庭？这不是一个简单的选择。强迫性囤积症是一种疾病，不是一种个人偏好。没有人一进入高中，就梦想着能够早日毕业开始囤积物品。这是一种问题，就像酒精依赖或抑郁会让人作出反常的行为以及错误的选择。如果他没有受到这种问题带来的错误推理的影响，就不会作出这些选择。期待一个强迫性囤积症患者某天早上醒来，突然就不再囤积，并开始整理房间，这就好像期待一个酒精依赖者某天早上醒来，突然就开始戒酒。强迫性囤积症一般不被视为成瘾，但这种问题像各种成瘾问题一样，确实涉及强迫；患者确实会从获取物品中获得快感，尽管有种种恶果，也完全没办法停下来。尽管我们相信，自己打理好自己的东西是正常生活的一部分，但对于一些人来说却并不是这样的，即使他想这样做也很困难。

当然，你无须与一个强迫性囤积症患者一起生活，就能体验到杂乱对于人际关系的影响。也许你已经被你的配偶催促了好几个月要清理车库；或是杂乱无章的环境让你没法找到需要的东西，让你沮丧。同住在一个屋檐下的人对于混乱的容忍程度不同，很多养了宠物的人都会陷入这种冲突。戴维（David）与妻子和两个儿子住在一起，妻子的宠物鸟让他感到非常沮丧，好像这只鸟一直在妻子的心中排在第一位。他们结婚几年之后，戴维去了另一个州工作，于是妻子找来一只鹦鹉陪伴自己。他不在的时候，妻子让鹦鹉在家中为所欲为。当他回来时，他发现家里已经一团糟。"那只鸟会咬坏书的封皮，而且鸟粪到处都是——真是恶心，"他回忆说，"我不认为她会说这只鸟在她心中排第一位，但她也不愿意放弃它，即使她知道这让我非常不开心。"

戴维反复抱怨这只鸟所带来的混乱，希望自己对生活环境能有更多的控制。妻子听出了他的担忧，也能够理解他的观点；但在戴维看来，妻子对于那只鸟的感情太深，如果把它关进笼子，她会非常伤心。"当我们讨论那只鸟时，她也希望我开心，也会因为这些事影响到我而伤心，但她仍然不会为那只鸟设置任何限制。我唯一能做的就是离婚，但我不想这样。生活中总有些你不喜欢但必须接受的东西，我猜这鸟就是其中之一。"幸运的是，戴维和妻子一起接受了夫妻治疗，并达成了一项妥协：剪短鸟的翅膀，等他们搬到大房子后，它会拥有有限的自由。他们都希望达成妥协，所以问题能够顺利解决，但我知道在许多时候，故事的结局未必总能如此美好。

每天与杂乱作斗争

即使是在没有囤积问题的房屋里，该轮到谁去洗那堆积攒了三天的盘子，或者由谁来整理那个胡乱塞着帽子、手套、围巾、雨靴和其他物件的大篮子，这种事情依然会引起争论，并且这种争论并不是关于物品本身。杂乱就好像导火索一样，能勾起其他的、通常是更加严重的家庭矛盾。我经常能看到，家庭成员间关于杂乱问题的对话快速升级，开始相互批判，相互指责，而心理防御则让任何有效沟通或问题解决都变得不可能。

我也知道，有些非囤积者会藏起他们买的东西，不让配偶看到，以此来逃避他们的指责。这样的秘密行动或是冲突，都会影响到关系的质量。朱迪（Judy）承认说："丈夫觉得我的衣服太多了，但我不想在这个问题上和他纠缠，所以我会把新买的东西藏在衣柜里，等他不在旁边时再拆包。"她是一位在职母亲，本身并没有囤积的问题。朱迪承认她确实有很多衣服，不过她觉得钱是自己挣的，自己有权购买任何喜欢的东西，并且她感觉丈夫是在批判自己，想控制她的购物爱好。

她到底是不是拥有"太多"的衣服，这不是我们关心的重点；关键问题在于，她买了东西还要躲躲藏藏，这给她带来了压力，而且并没有直接解决丈夫的不满。我相信，在他们的案例中，与物品相关的问题并不是他们之间的主要问题，只是这段关系中其他问题的一种表现。

尽管非囤积者一般不会带来火灾的风险，或是不卫生的环境，或是让他们所爱的人处于危险之中，但与一个心神杂乱的人一起生活，而且这种杂乱在一定程度上是生活的杂乱，这依然会令人生气。一位我认识的女性曾告诉我，她的孩子对她感到失望，因为她经常忘记在班级旅行的出游许可书上签字。她把许可书从孩子的背包中拿出来，之后就经常忘了放在哪里。她甚至曾让他们在学校放假的日子去上学，因为她的电子邮件收件箱已经满了，没看到校长发来的放假通知。杂乱的心神会让你无法专注和用心地与家人相处。

你的杂乱是否带来了冲突？

可能在一个人的眼中，房间仅仅是有一点不整齐，但在他的配偶眼中，他们的生活已经是一团乱麻。如果你是家中比较杂乱的那一位，可以思考一下这些问题：

因为你的杂乱问题，你和家人是否有过争论或是冷战？

你是否感觉家人希望你变得更整洁或有条理，尽管他们没有说出来？

即使你看重家人在家中的舒适和快乐，你的行为或不作为是否传达出了相反的信息？

你的个人物品是否蔓延到了家中的其他区域？

你是否因为缺乏组织能力和系统性而难以找到东西，而且这种状况（如迟到）给你的家人带来了负面影响？

你的孩子或配偶是否因为家中的状况，不愿意请人来家里做客？

你的家人是否因为你的物品太占空间，而

无法使用家中的某些区域？

　　如果你对上述任何一个问题的回答为"是"，那么你和家人就正在因为环境的杂乱而承受不必要的压力。如果回答"是"的问题多于一个，那么你和物品的关系很可能正在干扰你和一起生活的家人之间的关系。一种积极的姿态——召集你的家人，告诉他们你已经意识到了问题的存在，并决定开始解决它——对你们的关系会大有裨益，你甚至可能能够从家人那里寻求到支持，帮助你处理杂乱问题。

如果你与强迫性囤积症患者住在一起

　　尽管强迫性囤积症是一种心理问题，而非故意的行为，但我们也并不能指望强迫性囤积症患者的孩子和配偶有无穷的耐心。耐心耗尽并不是一件坏事，这经常能够促使强迫性囤积症患者接受需要的治疗。但是，给强迫性囤积症患者建设性的压力，让他们直面自己的问题，与向他们传播负面情绪，让他们更加疏离，并带来更多家庭矛盾，这两者之间存在着微妙的界线。

　　类似地，还有另外一条微妙的界线，这条界线区分了人们对于强迫性囤积症患者究竟是耐心的、非评判性的（如果你希望帮助他，两者都是非常必需的），还是耐心过剩，以致鼓励和适应了他们的生活方式，而没有表达出自己真正的需求。实际上，很多与强迫性囤积症患者住在一起的人只是向这种状况投降——他们觉得由自己来定期整理房屋是没有意义的，强迫性囤积症患者的杂物终究要吞没他们整理的成果，所以为什么要浪费时间呢？

如果你与一个强迫性囤积症患者或者一个没法控制杂乱的人住在一起，那么请一定记住，脏乱只是更深层次的心理问题的一种症状。他可能会有注意力方面的问题，没有能力完成一个项目，或者受困于拖延和完美主义。这些心理问题让你所爱的人陷入沮丧，并且它们并不是容易克服的问题。安妮塔，那个喜欢保留生命各个阶段衣物的 25 岁女人，承认她的房间非常乱，她想让它变得整洁一些。"我有时会想，自己没法再容忍下去了，必须想出一种整理系统。"她这样说。尽管如此，每当开始整理东西的时候，她总是难以保持注意力（现在她就把东西丢在衣柜的顶上或者床下的箱子里，而且经常找不到需要的东西）。"任何需要开展的组织工程都像是一种工作，而非娱乐。我只想让自己的心神变得自由，随心所欲。我一直把房间里的东西挪来挪去，但这并不能真正解决问题。"

对杂乱者最没用的 10 句话

　　如果与你住在一起的人非常脏乱差，或者把公共空间弄得杂乱不堪，那你们很可能每周（甚至每天）都会吵架。尽管表达自己的需求很重要，但同样重要的是促进开放式的交流，并控制住脾气，这样你们可以逐渐解决实际的问题。下面是一个列表，你应该避免说里面的话——这些话只会让对方觉得自己正在受到批判，从而降低持久性的积极改变的可能。

　　1. "你根本不在乎你自己，或是你的生活环境。"

　　2. "你根本不在乎你的乱糟糟如何影响了我。"

　　3. "你的脑瓜肯定一团糟。"

　　4. "对你而言让东西井然有序一点儿都不重要。"

　　5. "你真是个笨蛋！"

　　6. "你的东西比我更重要！"

　　7. "扔掉它就行！这有什么大不了的！"

　　8. "你根本不需要留着这东西。"

9."你永远不会用/穿这件东西/衣服。"

10."把它丢掉就好,你不会后悔的。"

对杂乱者最管用的 10 句话

下面是一些有用的话,它们能帮你与生活中的杂乱者开展积极的对话。你可以把这个列表复制一份,贴在显眼的地方,这样当杂乱引发冲突时,你可以用它们进行更好的沟通。

1."我知道这对你很难。"

2."告诉我,我能怎么帮你。"

3."你不需要一夜之间就解决这个问题。"

4."让我们找到办法,简化这个过程。"

5."不要往大处想,一步一个脚印就行。"

6."如果你觉得无法驾驭,就休息一会儿,想想你的目标——过上更加健康的生活。"

7."我站在你这一边!"

8."告诉我你在哪方面困难最大。"

9."你家里对你最重要的东西是什么?"

10."告诉我,我如何能更好地支持你,你是这项清理工作的主导。"

安妮塔与室友住在一起,并把混乱控制在自己房间的范围内，但在这样杂乱的屋子里，争吵总是不可避免的。萨拉(Sarah)是一位 37 岁的母亲，有一个 10 岁的孩子，她的丈夫从来不做清理工作，这经常让萨拉感到失望。地板上总有一堆他的东西，水槽里也塞满了他的脏盘子。他的衣服在卧室里丢得到处都是，除非萨拉把它们捡起来，否则它们就会永远在那里待着。"当初和他结婚的时候，我就知道他不会自己作清理，所以我不能指望他改变自己的生活方式，"萨拉说，"我必须学着忍受杂乱，但在心理上我感到挫败和愤怒，因为我要一直帮他整理。"

当她感到饥饿、愤怒、孤独或是疲惫的时候，这种应激状态会变得更糟。萨拉考虑过请保姆，但她觉得除非保姆住在他们家——这是他们负担不起的，否则就会变成六天杂乱，一天整洁。此外，保姆也不能真正解决问题，只会更加纵容她的丈夫。"我们的婚姻在其他方面都很好，因为我们都非常认同彼此的价值观。"萨拉说。但是，她不喜欢跟在他后面作清理的感觉，弄得自己好像是他妈妈一样。他们之间的矛盾和压力为他们的关系蒙上了阴影。与一个杂乱者住在一起，尤其是如果你一直在作清理，努力让环境变得适宜居住的话，你经常会感觉自己的时间和空间没有被考虑或被尊重。随着问题的发展，怨恨会不断积累，让关系中本来就存在的矛盾进一步恶化。

熟悉带来忽视

当我在玛丽·安的家里帮助她的时候,有一次,我指出了她的某个问题,这时她女儿表示,玛丽·安会听我的话,但当她女儿指出同样的问题时,她却摆出防御的姿态。

与陌生人相比,一个人会更加在意所爱之人的意见,这听上去很符合逻辑;但在这种建设性的批评中,一定程度的熟悉也会带来忽视。有杂乱问题的人可能会觉得,他的家人有一些隐蔽的动机,比如想要控制他,或者家人自己也不完美,没有批评的权利。家庭关系是非常复杂的,其中牵扯到历史问题和重复的行为模式,可能会让看起来简单的问题变得复杂。而当他们和我这样的专业人士打交道时,这种关系更多的是事务性的,在感情上没那么复杂。家庭成员本身与问题是利害攸关的,但一个外来者却能够提供一种客观的距离。当然,我非常关心来访者的福祉,并且会竭尽全力帮助他们,帮助他们过上更加干净、快乐、整洁的生活。

如果问题比杂乱更严重,那么有一名治疗师,或者是强迫性囤积症患者能够接受的中立方,来帮助他开展清理工作,通常会带来好的结果。理想状况下,家庭会提供支持和额外的推动力;此外,在一些案例中,也可以鼓励患者的朋友提供帮助。当我治疗强迫性囤积症患者时,我的目标是教会所有牵扯其中的人,如何来帮助强迫性囤积症患者,让他换一种方式来思考他的物品,并帮助他完成决策过程,最终带来一个井井有条的房屋。与整个家庭一起工作,这会帮助到所有的人,而非只是强迫性囤积症患者本人,让他们以不同的方式看待这个问题,这样他们就可以提供支持,并且不让挫折感影响问题的解决。

一个外来者也可以帮助解决持久性的杂乱问题,不过其角色会有些不同。在你和爱人的冲突中,你不会愿意在你们俩之间插进一个朋友,但如果你就是那个杂乱的人,那么在做清理、扫除和组织工作的时候,如果能有一个朋友从客观的角度提供建议,将带来巨大的好处。这个人不会在情感上依恋于你的物品,所以能够帮你作出更好的决策,决定什么该保留,什么该丢掉。此外,当你做类似于清理壁橱这样令人不快的工作时,如果有一个朋友在旁边,能够缓解你的负面情绪。有其他人和你在一起,也会促使你更加负责任——如果你决定在周六下午 2 点开始清理地下室,而且知道你的朋友会过来,那就更不容易推迟了。

有的时候,一个患者的强迫性囤积症似乎是对于家庭关系问题的一种直接反应，这种情况在我遇到的家庭动力学问题中属于比较棘手的情况。囤积可能是对于一个家庭成员的反抗——"这是我的地盘，你不能控制我"，或是一种特定类型的依赖、一种隐蔽的请求，企图让别人照顾他。在戴维的案例中，他曾和妻子半开玩笑地说，那只鹦鹉是对于他离家一年的一种"惩罚"。就像之前提到的，囤积也可能是一种标志，表明一个人在他的生活或是其他关系中过得不快乐。这也是杂乱者生活中常见的问题。

几年以前，我治疗过一位名叫坎迪丝（Candice）的女性，她的小女儿有轻微的脑瘫（cerebral palsy）。她和丈夫的关系很疏远，杂乱是一种分心的方法，让她逃避家中的压抑感。每次我到她家家访的时候，她的丈夫总是不在，也不会来诊所参加任何疗程。他会一直抱怨坎迪丝的杂乱，但从未付出任何努力，他似乎觉得这不是他的责任。

尽管坎迪丝确实有早期的强迫性囤积症，但她丈夫有时也会将房屋弄得杂乱，比如把用过的碗碟丢在水槽里，剃下的胡须留在浴室柜台上，待洗的衣物留在篮子里。而且，因为坎迪丝对女儿的状况感到内疚，觉得她需要面对的东西已经够多了，所以从不会鼓励女儿来作清理。请注意，坎迪丝的女儿已经上小学了，成绩很好，与其他孩子相处得也不错。没有理由认为，她处理不了这样一点家务。我认为，坎迪丝由于自己不堪重负，所以把这种感觉投射到了女儿身上，认为她也会有相同的感受。

坎迪丝在我的强化门诊项目（intensive outpatient program）中接受治疗，这个项目长达 6 周，每周 5 天，每天需接受 4 个小时的疗程，此外每晚还有 1～2 个小时的家庭作业。开始的 2 周包括教育、训练和治疗的内容，坎迪丝借此了解了她为什么难以丢弃物品。我们还用她从家里带来的杂物，练习如何作清理。

从第 3 周开始，我们直接到她家上课。当我们在一起时，她做得很好，但如果我不在身边，她就很难坚持下去并完成家庭作业。她没有来自丈夫的支持，也没法确保女儿完成她的杂务，从一开始，她就感受到了冲突。坎迪丝发现，治疗令她很有挫败感。

在类似坎迪丝这样的情况里，一个人得不到来自家庭的支持，我就会努力帮助她。坎迪丝的治疗很大一部分内容是识别她的需求，鼓励她为丈夫设定严格的界限，并聚焦于她认为自己能做什么，以改善她的状况。在一个理想的世界中，所有人都会帮忙；但在现实生活里，我们就必须充分利用手头现有的资源，努力做到最好。

许多人想努力克服某种根深蒂固的习惯，并在治疗之后继续保持，其难度可能超乎你的想象。请想象一下，接受了一个月酒精依赖治疗的患者，他们之所以能够在这一个月中坚持下来，是因为咨询师和同伴每天都会提供支持。但在项目结束之后，这个人就必须在没有每日支持的情况下，依然坚持他所学到的东西以及新的生活方式，这可能会非常有挑战性（这也是为什么同伴支持小组非常有帮助的原因）。在治疗之后，过去的囤积模式可能很快就会悄悄溜回来，与此相伴的还有以前那些导致保留物品的问题因素，以及对于作决定的拖延。这就是发生在坎迪丝身上的事。

我同时也认为，她治疗结束后遇到的困难，在一定程度上是由于她对于生活整体上的气馁。坎迪丝的经历是一个经典案例，告诉我们关系中的不快乐会导致抑郁、挫败、注意力缺损、分心，还有某种程度上的自暴自弃。

尽管坎迪丝的丈夫拒绝帮忙，但他也确实让坎迪丝明白了他的立场。有些时候，杂乱会带来微妙的心理影响，在配偶中引发一种被动的但又是攻击性的交流模式。朱迪相信，她的丈夫在做完咖啡之后有意无意地把咖啡豆丢在地上、将过滤器留在水槽里，是因为他知道这会让她心烦。"我通常会自己把它们收拾到洗碗机里，但这让我很生气，好像他每次都从中获得了一点胜利。"她说。有几次她曾表达了自己的感受，而他的回答是，他随后就会去收拾。但是，他可能会拖上好几个小时，其间朱迪会忍不住再催促他，这让她觉得自己很唠叨。"这种冲突是不值当的，所以我会自己清理。"她说。

任何家人或朋友，如果想要帮助身边的强迫性囤积症患者，首先需要把自己的评判放到一边。这并不容易。强迫性囤积症是一种如此明显的问题，它会影响到每个家庭成员。但是，我们每个人都有害怕被别人评判的东西。此外，很关键的一点是，弄明白强迫性囤积症并不是一种个人选择；而且还要弄明白，这种问题只是你所在意的那个人的一部分，而不是全部。有囤积或杂乱问题的人，并不只是一个"强迫性囤积症患者"或"杂乱者"，她可能也是一个好朋友，一个技艺精湛的面包师，一个慈爱的祖母，以及无数其他的社会角色。

第二件要做的事是，像你现在正在做的这样，学习与囤积问题有关的知识，这对于你更好地理解问题的复杂性，是非常有帮助的。理解那些囤积的人，理解他们的行为，理解造成的混乱环境会给他们带来怎样强烈的羞耻、愧疚和尴尬感，这可以帮助你在与他们相处时，怀着同情和耐心，并且不带愤怒地表达你的感受。

第三件要做的事是，请作好心理准备，在帮助某人克服杂乱问题时，不管他的问题的严重程度如何，都有可能给你们两个人带来挫败感。之后的章节会介绍，有杂乱问题的人如何能改善自己的状况。不管你的愿望有多恳切，你都没法替另一个人解决问题；实际上，很重要的一点在于让有囤积或杂乱问题的人明白，他们自己能够从问题中走出来。你要扮演的角色应该是一个支持者，一个啦啦队队员。他必须自己决定自己的进展，否则家中的任何改善都不会持久。

最后，请作好妥协的准备。如果你正在帮助一个囤积或杂乱的人，你的目标应该是找到中间地带，让你们两个人都感到舒适。在许多年的时间里，利萨（Lisa）一直恳求她的母亲安德烈娅（Andrea）接受帮助；但当利萨建议扔掉某些东西时，安德烈娅却认为她在试图控制自己。作为中立的一方，我告诉安德烈娅，事实并非如此。"你的女儿为什么会有控制你的动机？"我问她。至少在那一刻，安德烈娅能够明白，女儿并没有什么秘而不宣的动机，只是想要改善她们的关系，帮助母亲更加健康地生活。而对于利萨，我鼓励她不要尝试矫正她的母亲，而是努力让屋子变得更适宜居住。

这种情境带有许多讽刺的意味，其中之一就是，强迫性囤积症患者会认为，如果她允许别人处理自己的物品，就会失去对情况的控制权。用物品把自己包围起来，这让她相信自己保留了控制权。但实际上，她的生活环境已经彻底失控，所以她的控制感只是一种幻觉。这就像一个有强迫症的人一遍一遍地洗手，以此来感觉控制了某种迫在眉睫的疾病,但实际上是他自己被这种行为控制了。

我在治疗强迫性囤积症患者时会与所有的家庭成员一起商谈,原因之一就在于强迫性囤积症经常伴随着相互依赖的问题,相互依赖的关系通常是怀着良好的意愿发展起来的。回想一下阿曼达,那个与父母住在一起、每天把时间花在上网购物的女人。与她的父母讨论她的囤积问题,很明显他们自己童年时期的困境影响了他们,让他们没法为女儿设定界限。例如,阿曼达的父亲说,他自己成长在一个非常严苛的环境里,所以发誓不会把这种环境强加给自己的孩子。阿曼达母亲的父母都是医生,他们希望她也走上这条道路,这让她承受了过高的期望,她也发誓不会对孩子做同样的事。为了避免他们成长时经历的那些压力,他们没有给阿曼达设置任何期望,这也在一定程度上加剧了阿曼达的消费和囤积行为。

在阿曼达父母的例子中,他们可以做一些事情,帮助女儿获得积极的改变。他们可以限制给女儿的资金,或者让她做家务,这有可能给她一个出口,让她从购物中走出来。最终,他们也确实采取了一些类似的措施。如果你觉得这些策略是显而易见的,请注意,身处其中的人未必总能看得这么清楚。我们大多数人都认为,自己很清楚在特定情境下该怎么办;但除非事情确实发生在我们身上,否则我们怎么能真的知晓呢? 有时评判总是要比理解更容易。

当事情发生改变的时候

有时,强迫性囤积症患者所爱的人可能会限制自己的干预程度,因为在某种程度上,他害怕干预会失败,从而导致他最害怕的东西成为现实:强迫性囤积症患者更加在意物品,而非他们之间的关系。这种心理机制当初在蒂姆和玛丽·安身上可能也产生了影响——如果她没法面对自己的问题,而他必须兑现他的威胁,那该怎么办? 这种前景让蒂姆感到害怕;不过随着事态逐步发展,继续以现在的方式生活,这种念头的可怕程度甚至超过了对关系破裂的担心。

我记得许多年以前,我曾和一个有酗酒问题的人约会。我曾经很绝望,因为我很在意他,但没法接受他的酗酒。我陪他去接受治疗,在第二个疗程的最后,治疗师直截了当地问他:“为了和罗宾在一起,你是否愿意放弃喝酒?”他居然回答说:“不!”这真的让我感到沮丧,对他来说,我甚至不如他的酒重要。这话就这样轻易地从他的嘴里说了出来。

听到真相是非常痛苦的,但现在我将那一刻视为一种礼物——如果继续和他在一起的话,我的生活将会是一场灾难。我相信,有些强迫性囤积症患者的配偶或孩子避免直面他们所爱的人,就是因为未知的前景令他们害怕——他们宁愿继续生活在不喜欢的环境里,也不愿意承担关系恶化的风险。

如果与强迫性囤积症患者的关系确实发生了改变,无论是因为他的囤积行为得到了矫正,还是因为配偶或孩子决定不再忍受下去,这对于其中的所有人来说可能都是吓人的。尽管从表面上看,强迫性囤积症患者可能是问题的唯一原因,但实际上配偶或一起居住的人也在其中扮演了一定的角色,通常是一种被动或适应的角色。熟悉的角色,即使它们并不正常,也可能在心理上变得非常习惯,让人不愿意改变。

因为感到无能为力,所以向囤积妥协,不去强调个人的空间,这种做法可能很有诱惑力;但是设定界限,坚持强迫性囤积症患者(或杂乱者)必须尊重这些界限,这对于整个家庭的情绪健康来说是非常关键的。例如,我鼓励配偶对强迫性囤积症患者这样说:"这半边床是我的,你不要把东西放到我这一边,睡个好觉对我来说很重要。"

通过要求杂乱者尊重你的空间,你可以塑造他拥有良好的行为习惯，并且通过大声说出想法，让自己的忿恨得以控制。寻找妥协的空间（比如，"我想问问，能不能让这个台面保持整洁，这样我可以在上面做三明治"），并维持这种界限，这虽然不会"治愈"一个人的脏乱和无组织，但可以维持你们的关系不被杂乱吞没。

如何与杂乱者交谈

如果你和一个杂乱的人住在一起，并且你非常（或者不是非常）困扰于应该如何告诉他这种情况对你的影响，试一试下面的三个步骤：

1. 谈论你所观察到的杂乱对于你们生活的影响。即使你处于愤怒之中，也应该尝试以一种非指责的方式来说。你可以试试类似这样的话："我注意到爸爸非常生气，因为他必须把餐桌清理出来，我们才能坐下。"或者是"我注意到你经常会迟到，因为找不到车钥匙。"要出于担心，而非愤怒；应询问开放式的问题，而非作出指责。如果你太愤怒，以致没法讨论它，那就不要开始对话，直到你冷静下来。

2. 谈论杂乱如何影响到你。如果你把抱怨限制在直接影响你的那些方面，那么杂乱者不只会感觉到较少的攻击，而且很难与仅仅在表达自身感受的人争辩。"我有些烦恼，因为我为了坐在沙发上，必须把你的书挪开。能否请你在放置它们的时候更有规划一些?"或者"我知道你在意我的感受，但我告诉你那只猫造成的乱七八糟让我有些懊恼，可你却并没有清理，这让我觉得自己好像不重要。"如果杂乱者很难改变她的行为方式(许多杂乱者确实如此)，你可能需要反复讲很多次同样的话。不过随着时间和练习的积累，情况总会改善。

3. 找一个中立的第三方。有时候，杂乱者更愿意听从治疗师、生活教练，甚至是一个朋友或一个远亲的建议，而非直接听你的建议。即使你认为"我已经告诉了他我的感受，但他不听"，来自第三方的帮助总是有些作用的。

在我的 Facebook 页面上，我经常会被这样问道：人们会不会说"见鬼去吧"，然后完全抛弃囤积的人？令人悲伤的是，这种情况确实会发生，不过这通常是在家人多年的努力无效之后。任何心理问题或坏习惯都有一条底线，那就是我们没法替别人解决问题。那个人必须愿意作出改变，如果不这样的话，任何努力都不会有结果。许多强迫性囤积症患者的孩子和爱人会陷入一种相互依赖的陷阱，相信或希望他们会是那个改变他的人，能够解决问题，这种角色给了他们自我认同和使命感。不幸的是，除非那个囤积的人自己想要改变，否则这种情况通常会以失望收场。

不过经常出现的情况是，强迫性囤积症患者所爱的人的持续努力以及合理的期望（不是"修好"那个人，而是帮助他改善环境，使得你们可以拥有良好的关系，而且能够请人来做客），确实会带来帮助。不过，不管结果如何，我都鼓励强迫性囤积症患者的爱人首先照料好自己，即使有时候这意味着转身离开。如果你没法关注自己的生活和人际关系，或者现状让你感到抑郁和愤怒，那么你在帮助爱人方面可能已经投入得太多了。这时就该说出这样的话："对我来说，这不再有益。我爱你，你对我很重要，但是我太过于关注让你变好，而没有关心我自己的生活。我不能再这样做了。"

现在，你已经感觉到了我们和物品的关系可能有多复杂，还有我们的杂乱行为的影响可以延伸到多远，不只是我们自己的生活，还有我们所爱之人的生活。努力去解决囤积的困扰，虽然这对于强迫性囤积症患者来说是困难的；不过对于每个人而言，无论问题的程度如何，都可以改善我们的习惯，降低情绪上的凌乱感。这需要耐心和同情心，还有下面章节中你将学到的工具。

4

在囤积程度分级中，找到你自己的位置

贯穿本书始终的是，我一直在区分强迫性囤积症患者（即那些囤积行为明显影响到正常机能的人）以及非囤积者。

但是，在杂乱者当中，即使在强迫性囤积症患者当中，也有程度的区别。阅读下面的分类，考虑一下哪一种最符合你。你可能会在不止一种行为中发现自己的影子，这也没有问题。

清理清理再清理

你的家：你不能忍受杂乱，你的家看上去应井井有条，很少能看见私人用品，看得见的那些也都应整洁地摆好。水槽里没有碗碟，床铺收拾整齐，衣服、玩具和阅读材料都被存放好。写字台上仅有的物件整齐地堆放在一起，或是放在文件夹里，所有遥控器也都放在一起。柜子和抽屉都整洁有序，厨房的食品柜也是如此。

你的习惯：你在把任何东西买回家或带回家之前，都会进行长时间的仔细思考。你想要把东西丢掉就会丢掉，想要收好某样东西就会去收好，并会问自己，为什么你会留下某样东西，而不是为什么你会扔掉它。你觉得整理东西可以平复压力，而如果你看到东西没有放在合适的位置，则会感到烦躁。如果你有宠物，它们也都被打理得很整齐，照料得很好。

整洁但不绝对

你的家：大部分东西都有地方存放，外套挂在衣钩上，鞋子放在门旁边的区域里；但可能在某一天，有一件从网上订购之后又想要退货的东西，就放在玄关里，或者有一堆未开封的信件放在厨房柜子上，还有一两个没有及时放入水槽的碗碟。咖啡桌和小房间都很整洁，但地上可能放着完成一半的拼图游戏，桌子的一端可能还有两三本书或杂志，DVD 机中存着光盘，盘盒就在边上。你的衣服或者挂起来，或者收好，虽然不是完全整齐，但也很容易找到，你的浴室很干净，但里面的物件超过了你每天使用的数量。

你的习惯：你喜欢一座正常运作的房子，整洁并不是任何时候都是必须的。你可能会把项目或是杂事拖延几个小时，甚至一两天，但你最终会把它们处理掉。你非常有组织，对于不再需要的东西，可以很容易地摆脱掉。当你回家的时候，你喜欢在一个低压力的环境里放松自己。

受控的混乱

你的家：你的房子划分出了属于各种东西的"区域"，外套区、玩具区……但并非每样东西都能找到最适合的地方，眼前能看到许多东西，一堆堆孩子的画；放着两排书的书架，书架顶上堆着相册；一张工作桌，上面是一箱箱原料和做到一半的手工活。一盒盒的相片和其他物件,等着你抽时间整理。你的衣物大部分都收拾好了,但并不一定整洁,而且椅子上覆盖着几天内的换洗衣服。你的厨房不脏,但水槽里存着一两天的碗碟,而且你有时能看到蚂蚁。即使你的房屋刚刚被清理过,但依然感觉有很多东西。如果你有宠物,它们被照料得很好,但家具上可能会有宠物的毛发,有时你也能闻到它们的粪便味。即使你的屋子是整洁的,在某处也有一个要命的柜子,如果打开会引发一场小"雪崩"。

你的习惯:这座房屋充满了生活气息,你宁愿把时间花在做事情上——做饭、阅读或其他活动,而非打扫和整理。在不同的活动之间,你没有足够的时间把东西规整好,也并不是所有的东西都有自己的位置。有一些组织系统,通常是箱子,但东西经常没被放到正确的箱子里,也没有整理物品的日常计划。尽管你在情感上没有特别依附于你的物品,但对于整理和处理物品还是会拖延,你只是认为有时可能还用得上。有时,你会对于屋子的状况感到沮丧,开始一阵打扫和整理的狂潮。

杂乱危机

你的家:没有人会说你囤积——你可以在走廊穿行,

可以不用挪开东西就坐在沙发上，但到处都堆着东西：椅子旁边放着没看过的杂志，咖啡桌上还有晚餐留下的痕迹（因为餐桌被一堆堆的文件占据了），鞋子散落在不同的房间里，外套扔在沙发后面。你的厨房也有点失控——冰箱里塞满了食物（有些应该扔掉了），而且大家都知道你现在为什么使用一次性的纸质餐盘，因为没有干净的碟子了。卫生间需要好好地打扫一下，卧室的床上和地上堆着衣物，因为衣柜里已经没有足够的空间了。如果你和其他人一起住，你肯定曾听他们谈起过你的杂乱对他们造成了怎样的负面影响。

你的习惯：你觉得自己只是太忙了，每次回家都很累，没法再整理你的房屋，所以你把它当成宾馆一样——进入，睡觉，离开。你愿意让它更加干净和整齐一些，可以有一个地方让你每天放钥匙，但周末清理一下的念头实在没什么吸引力，所以你只是打扫那些重要的部分（厨房和卫生间），但从没有收拾得很好，除非有人来访。你也有很多的物品，也许你喜欢购物，但每次你买新东西回来的时候，并没有仔细考虑该丢掉什么。你经常找不到需要的东西，这给你带来了压力。偶尔，你会整理一个区域，但对整理其余部分就失去了兴趣。

边缘型囤积症

你的家：物品正在失去控制。如果你养了宠物，别人立刻能够发现这一点，因为猫砂需要更换了，家具上沾满了毛发。你的厨房可能闹蚂蚁或蟑螂，因为碟子堆得太久，食物没有封存好。有些房间你并没有使用，因为它们已经变成了"储藏"间。你的写字桌上高高地堆着各种纸张和收据，房间的角落里和楼梯下都塞满了你想留着的东西，它们就堆在那里，或放在购物袋里。你并没有在物品的海洋中游泳，至少你的门廊还能通过，而且也没有物理上的危险。但这些东西如此混乱，当你在房中走动的时候，你经常会踩到什么纸，或者踢到某个盒子。

你的习惯：有些很要好的朋友会来你家做客，但如果有集体聚会，你会尽量不在你家举办，因为你感觉有些尴尬，没有足够的时间和精力去作清理。你没有很好的组织系统，有价值的东西就放在架子上，旁边却挨着不那么有价值的东西。你不会仔细检查你的东西，丢掉不需要的物品，而是更愿意把它们挪到阁楼上或是放到地下室里，它们就待在那里，有时会因为尘土（甚至因为发霉）而损坏。你喜欢你的宠物，但有时不会花时间清理它们留下的东西。房屋越脏乱,你越不愿意打理它,所以你干脆不打理。

如你所见,人们的生活中确实存在不同程度的杂乱,而一个人能够容忍多少,则取决于杂乱给他和家人造成了多大的压力。当然,如果家里有多于一人有杂乱倾向,那事情可能很快就失去控制。

边缘型囤积症,可能已经进入了轻度强迫性囤积症的范畴。这取决于个人的物品在多大程度上影响了生活的其余部分,给家里带来了多少冲突,以及如果这个人被要求丢弃东西,他会感到多大程度的焦虑。对于一个人来说,上述任何一种因素越强,他在囤积症谱系上的位置就越高。

杂乱造成压力的 10 种方式

1. 难以在需要的时候找到需要的东西。

2. 找不到重要的纸张文件,比如账单、出生证明、税务证明、护照或驾照,导致严重的挫折和财政损失。

3. 关于脏乱问题的争论让你和家人关系紧张。此外,找不到需要的东西也可能让你总是迟到,这会带来更大的压力。

4.你会买已经拥有过的东西,因为你忘了已经拥有它们,或者找不到了。

5.一堆堆的账单或是其他杂物不断地提醒着你,某样杂事需要完成。

6.杂乱的卧室让你无法放松,影响你的睡眠质量和私人生活。

7.保留太多属于过去的东西,让你无法专注地活在当下。

8.杂乱的房间会过度地刺激你的感官,让你感到焦虑或是无法放松。

9.必须把东西挪来挪去,才能有效地使用你的空间(比如坐在餐桌前或睡觉时),这会浪费你的时间,带来额外的工作量。

10.不愿意请人来家里做客,因为家里太不整洁,这会带来社会隔离,有大量研究表明这会影响你的健康。

杂乱会通过许多方式影响我们的生活质量,即使其水平还没有达到强迫性囤积症的程度。很自然地,杂乱的程度越高,生活就会越有压力。凯茜(Cassie)是一名51岁的妻子和母亲,她处在杂乱危机中。她的家非常脏乱,一些房间比其他一些更糟。"我有许多纸张、杂志和报纸,我想要回收利用它们,而不是扔在垃圾桶里,"她解释说，"我还有许多罐子、礼物袋，还有绑在礼物上的丝绸花。它们不能再利用了吗？我很难抉择哪些应该丢掉，我就是不想面对这件事。"

结果就是，凯茜正在找工作，但找不到她的资料，虽然她觉得它们就在桌上的某处。她的丈夫也有杂乱的问题，他觉得许多东西都有价值，所以阻止凯茜丢掉某些东西，因为他觉得将来可能会需要。因为他们两个人都是如此，所以他们的房子特别乱。杂乱不仅让他们关系紧张，而且每次凯茜看到家中乱糟糟的样子，都有一种失败感。她更愿意把东西挪到地下室里，而不是处理它们，这在临床上被称为搅拌（churning）——把杂物从一个地方移到另一个地方，但从没真正地处理过。

我向她建议说，比起处理杂乱带来的焦虑，组织整理物品是更简单的办法。她也同意，不过她说每次回家后自己都有其他的事情想做，很难把这些令人不快的清理坚持到最后。她还说，她的婆婆以前经常在丈夫还没同意的情况下丢掉他的东西，有一次在他上学的时候，扔掉了他最喜欢的火车模型，这种状况甚至持续到了丈夫成年以后。因此，很容易理解为什么他对于自己的东西如此保护，以及为什么凯茜特别小心翼翼，没有他的允许不会丢掉他的任何东西。但是，这种认识不会让他们的屋子变得不那么令人沮丧而适宜居住。

多少算"太多"?

我经常听到人们半开玩笑地说,他们并没有很多东西,只不过他们的房子或是柜子太小了,装不下他们正合适的物品。对于那些住在小公寓却非常热爱收藏的人来说,这可能是实情。如果要把伊梅尔达·马科斯(Imelda Marcos)收藏的鞋子塞进一间典型的纽约市公寓里,肯定会让它看上去像是一间囤积房,从地板到天花板都是鞋子。这告诉我们,"太多"除了取决于物品的数量,还取决于其他一些因素。

这些因素是高度个人化的,取决于你是谁,你需要什么,你的空间限制,你对物品有多深的感情,你对于无组织的容忍程度,与你住在一起的人的意见,还有许多其他标准。一个男人的"收藏品"在另一个男人那里可能就是一堆垃圾;一个女人眼中的"便宜买卖"在她丈夫眼中可能是一种巨大的浪费。因此,我认为有必要区分合理的情况和即将失去控制的情况,如果不是已经失控的话。这也会帮助你评估自己的杂乱程度,以及你的弱点所在——是在物品的获取上,还是在缺乏组织上,抑或是在丢弃物品上。

收藏与堆积

收藏品，一般被定义为"一批不断积累的物品，用于研究、比较、展览，或是作为一种爱好"。收藏者是对于某个特定领域或某一类物品有兴趣的人。一般来说，收藏者会研究和计划如何增添自己的藏品，而且可能对于全部藏品有一个整体的计划（例如，将来捐给某个历史协会，或者传给他的孙子）。

但是，有些人会把"收藏"和"积累"搞混，甚至把"收藏"和"堆积"相混淆。我曾经治疗过一个女人，她"收藏"了一大堆动物雕像，都是从电视购物节目和各种网站上买的。她觉得它们"太值了"，而且很喜欢被一堆动物包围的感觉。这些雕像并不是特别流行、独特或是稀有，也不是很有价值。她只是觉得它们很漂亮，没法抵抗购买的诱惑，所以现在她的房子里就堆满了这些玩意儿。对于她来说，它们象征着一种伙伴关系，她给每一个雕像都起了名字，并编了相应的个人故事。

但是，从这些动物雕像被展示的方式上，并不能看出它们对她到底有多重要——它们被摆得到处都是，一些堆在另一些上面，还有许多仍然留在盒子里，她打算找到放置的空间后再拆包。此外,她在购买之前并没有经过挑选的过程。当我问她为什么买某一件的时候,她会说因为它"可爱"或是"不一样"。在决定买一件新雕像时,她并没有考虑是否有地方展示它,也没有考虑这件雕像从总体上为她的"收藏"增添了什么,她只是沉浸在购物所带来的激动里。

她是一个极端的例子,很明显有强迫性囤积症——难以丢掉任何雕像,而且房子里存放得太多,已经不适宜居住了。动物雕像占领了沙发,厨房的案板没法再使用了,门廊堆放着购买时带来的箱子,人只能在箱子中间的狭窄通道里穿行,起居室和卧室里都是未开封的盒子。床还能用,但她要想睡觉,就必须先推开一堆东西。换句话说,她的"收藏品"已经干扰了她的生活。

在不那么极端的情况下,收藏和简单的积累之间的界限并不是那么清楚。接下来有一份资料,读完之后你可以更好地体会,你到底是在收藏东西,还是只是在堆积它们。

你是在收藏还是在堆积?

收藏:物品都属于一个具体的主题——比如装饰艺术时期的珠宝首饰,或是弗兰克·西纳特拉(Frank Sinatra)的专辑。

堆积：主题定义不明，或者非常宽泛。例如，一般首饰，或者老的黑胶唱片。

收藏：精心设计了展示方式，鼓励人们观赏。

堆积：不整洁、碍事，或者让你没法使用屋中的某些区域。

收藏：外人很容易就能发现这是一系列特殊的物品。

堆积：在外人眼里就是一大堆"东西"。

收藏：有足够的空间合适地保存。

堆积：东西从桶里、抽屉里、柜子里满溢出来。

收藏：每一件都是独特的，有特殊意义。

堆积：可能同一样东西有好几份。

收藏：获取这些东西需要某种策略。例如，如果你收集古币，你可能一直在攒钱，或是一直

在搜寻,以获得某个特殊的古币,让你的藏品变
完整。

堆积:你买这些东西,只是因为你喜欢
它们。

收藏:收藏者可能属于一个组织,组织里的
其他人也收集相同的东西,大家愿意交换或者
交易,而非只是不断地获取和寻找更多。

堆积:堆积者一个人收集东西,并保有
它们。

收藏:你愿意放弃某一件藏品,换取金钱或
腾出空间,以便获得一件更好的物品。

堆积:任何你获得的物品,你都不舍得
放弃。

保存者与林鼠 (pack rat)

保存一些物品,因为你认为将来自己可能会需要它
们,或是它们可能是有价值的,这种做法并没有错。但
是,是保持头脑清醒,事前作好计划,还是只要你觉得自

己或某个人将来可能会用到，就保存任何东西，这两者之间存在精细的界线，后者可能会导致过度的杂乱。你可能听说过林鼠，这是一种啮齿类动物，它们会把各种树枝和杂草带回窝里，直到窝里只剩下狭小的铺位和爬行的空间。这样的生存环境对它们来说是有意义的，但在外人看来，很难想象这些小生物会用到所有这些东西。

人类也会表现出类似的倾向。我见过许多杂乱的房屋，台面上放着"有用"的东西，抽屉里装满了零碎物件，橱柜里塞满了食物容器，这些容器是家里每次叫外卖时积攒下来的，盖子都对不上了。当然，你可能会保存超市的食品袋，作为厨房的垃圾袋，或者留着一件很少穿的毛衣，用于下次滑雪时穿。这些都是非常合理的用途，而且你知道将来某个时候肯定会去滑雪。而祖母给你的那套银质茶具，它们可能没有什么特别的情感价值，你也从不会使用，但你觉得可能会值点钱，所以还留着。有些时候，好像我们把东西存下来，只是因为这些是别人给的，而非它们多么有意义或多有用。

超市的供应是无穷无尽的，总有太多的选择，而且如果你有需要，很容易就能得到。在这样的背景下，决定什么时候不再保存物品，以及什么时候丢掉物品，是一件很困难的事。凯茜就有这样的问题，她会保存礼品包装之类的在理论上可以重新使用的东西，但存下来的数量远远超过了她的需要，根本用不完。贾森也有这样的困扰：尽管他收集的一些设备仍然可以使用，但大部分人都不会想要一台污损的食品加工机，或是一个生锈的烤箱。即使贾森按计划修好了那些电脑，人们也不会买它们，因为没人愿意用 20 世纪 80 年代末的型号，即使它们还能工作。贾森自己也不会用这些东西，所以从技术角度来说，它们是没有价值的。尽管如此，他还是觉得丢掉它们是一种浪费。

你是一个保存者还是一只林鼠？

保存者：可以想到一样东西在近期的具体用途。

林鼠：会保留任何东西，只要自己可能会在未来用上，或者理论上有认识的人可能有用。

保存者：如果有了足够的东西，就不会再积攒。例如，食品袋足够用到下周了就不再多留，那时如果还需要，可以从超市得到更多。

林鼠：不知道什么时候足够了，所以会保存多于自己需要的东西。他可能认为积攒更多的食品袋"没什么坏处"，即使每次打开橱柜，它们都从里面掉出来,还是要捡起来收拾好。

保存者:如果很清楚某件东西自己不会再使用,即使它可能还有用,也可以丢掉。比如,已经丢了很久的眼镜剩下的眼镜盒。

林鼠:会保留已经没用的物品,"以防万一"。

保存者:如果某样东西无法使用到足够多的次数,就会把它丢掉。

林鼠:已经不记得拥有某样东西多长时间了,这东西已经成为了房屋中的固定摆设。

保存者:如果发现有两个类似的东西,会选择最好的那个,而非两个都保留。

林鼠:同一样东西会保留好几份,因为"你永远不知道"什么时候会用得着。

有感情的纪念品

在我们参观的那些城市中,最有名的林荫大道边上往往会有一排纪念品商店，而大多数主题公园和博物馆的出口处也会开设一间间诱人的礼物商店。纪念品，在法语里的意思是"记住"，许多人不会感到旅途圆满，除非他们带回家一个冰箱门贴，或是一件 T 恤，来记住这段回忆。

但是，纪念品并不一定总是旅途中收集的物品。亨利（Henry）是我多年前治疗过的一个年轻人，他留着祖父母送给他的所有东西。他害怕当他们去世时，他会忘记他们曾有过的亲密关系，所以就保留这些东西，诸如过时的手机、贺卡、与礼物一起送来的空包装、写着不重要内容的纸张，还有已经破了洞的袜子。

有些人出于习惯的原因，会保留与每次经历相关的各种物件，而非只是那些有意义的；另外一些人则将保留一件物品等同于保留一段回忆或是一种感觉，好像不持有这件东西，他们就不再拥有这段经历。过去的物品很容易填满你的个人空间，让它们不适宜当下的居住。

当然，什么才算是有价值的纪念品，这是很主观的一件事，一个人重要的回忆，对别人来说不会有情感价值。我曾治疗过一些人，他们保存纸杯只是因为某个过世的亲人曾经用过。保留所爱之人用过的任何东西，哪怕是个一次性纸杯，这种行为看起来很不寻常，但其背后的原因很普通。我曾从一家餐厅带回过一个饮料搅拌器，因为我和丈夫在一次度假中，每天晚上都会到那里吃饭，我想记住这段愉快的经历。在理论上，这和前面提到的那些行为没有本质区别，但我们并不会从每个去过的地方都拿回来一个搅拌器、一个托盘、一块餐巾，再加上一份菜单。当然，这是程度上的区别。

你是多愁善感，还是深陷其中？

有些人比较多愁善感，他的行为会受到情绪的强烈激发，可能会出于对物品的感情而非实际用途来保留它们。当然，这并没有问题，除非你保留了太多的东西，造成了杂乱。如果发生了这样的事，你可能就深陷其中了。也就是说，你的情绪不是一种激发性的力量，而是一种瘫痪性的力量，你对于物品的感情优先级高于对现实问题的。

多愁善感：你保留某样东西，因为它与一段积极的回忆有关。

深陷其中：你无法丢掉一样纪念物，即使它让你感觉糟糕，比如你以为绝不会分手的前男友留下的一盘磁带。

多愁善感：你保留一些有积极回忆的东西。

深陷其中：你保留几乎每一件有积极回忆的东西。

多愁善感：你保留了几件东西，它们属于一个你在乎的或是曾经在乎过的人。

深陷其中：你承受不了丢弃任何属于这个人的东西。

多愁善感：你有专门的地方存放纪念物。

深陷其中：你把纪念物堆在一个抽屉或是柜子里，很少打开。

多愁善感：你可以丢掉一样带有积极回忆的东西，如果你需要它所占用的空间，或是觉得它已经没用了。

深陷其中：你不管怎样都无法丢掉一件特殊的东西。

多愁善感：当这段回忆对你不再重要时，你可以丢掉这件物品。

深陷其中：你保留这件物品，因为这段回忆曾经对你很重要。

多愁善感：你小心地照管好保存的东西。

深陷其中：你存下来的东西堆在柜子后面，藏在床下，储存在阁楼或地下室里，可能受到水或尘土的损害。

多愁善感：你保存东西，以此来纪念你的一段经历，或是你认识的一个人。

深陷其中：你保存的东西与自己的生活经历关系不大。

我很欣赏和尊敬史密斯学院的兰迪·福斯特博士所作的研究，他发现强迫性囤积症患者可能比那些非囤积者更有创造力，因为他们能够比别人看到更多的潜力和美。一团杂乱的电线和一个灯具，经过灵感和创作，可以变成一盏崭新的台灯。如果这种愿景是现实的，并且这个人确实能够实现它，那我们会称他为艺术家。但如果他只是带回家一堆堆的金属，堆放在台面上，与其他许多物品一起摆在那里吃灰，这个人就可能有强迫性囤积症的问题。相同的原则也可以应用到感情方面，一个强迫性囤积症患者可能对于自己带回家的东西有深深的感情，而这种感情也会附着在其他各种各样的东西之上。

就像之前说过的，这些行为都是持续性的，如果太多的物品开始在情绪上和物理上干扰你的生活，那就变成了一种心理问题。

由于情感原因而保留物品，并不一定都与回忆有关。有些东西我们留下来只是为了诱发某种情绪，比如一顶浅蓝色的帽子，你并不会戴它，但是这种颜色让你看着很开心。只是有些人会陷得更深，他们的物品不仅会引发某种特定的感受，而且还会被赋予人类的感情，就像珍妮弗那样，她曾担心如果让芭比娃娃受到损害，它们会感到失望。我认识一个女人，她不是一个强迫性囤积症患者，但她最近刚刚清理了衣柜里的 50 件纪念 T 恤，那都是她参加跑步比赛时获得的。这些 T 恤她从来没穿过，它们太大了，而且是四四方方的男款，可她不想丢掉那些参赛的回忆。有限的衣柜空间让她感到沮丧，这让她最终下定决心腾出空间，留给真正要穿的衣服，于是丢掉了大部分的 T 恤，只留下了几件。这些是她最高成就的纪念，她希望永远铭记于心。

浪费与环保主义

浪费的概念——"如果丢掉就太浪费了"，我的来访者就像我们大多数人一样，与之奋力对抗；特别是在当今的时代，减少/回收/再利用（reduce/reuse/recycle）已经成为了一种负责任的生活方式。除此之外，我们都希望感觉自己尽可能地利用了某个物品，特别是我们花了钱在上面的话。如果我们没有彻底而周到地使用它，就会变成双倍的浪费，既浪费了我们辛苦挣来的钱，也浪费了东西本身。

但浪费的方式有那么多，并不是所有的浪费都像扔掉完好无损的东西这样。例如，扔掉还剩下一些空页的笔记本，这就让人感觉浪费，因此你保留了它们。但如果把它们随意放在书架上，打孔活页的碎屑从本子边上露出来，看起来也很难看。而且如果你用不上它们的话，那就意味着它们浪费了其他有用物品的空间。你告诉自己，留下它们是因为有一天你的孙子可能需要纸张来画画，但实际上你的孙子更愿意打电子游戏，而不是在你的破旧笔记本上涂鸦。

所以，如果把这些笔记本丢掉，真的是一种浪费吗？你可以把它们送去回收，或者捐给某个学校。但如果你从未着手做这些事（要回收它们，需要把里面的活页纸取下来，并拔掉固定本子的金属螺旋），这些笔记本就会弄乱你的桌子，而且没有为它们找到更有价值的用途，这会让你感到自责。自责本身也是一种浪费，它属于由物理杂乱引发的情绪杂乱。

我知道有一个家庭，在庭院里保留着一间玩具屋，虽然他们的孩子早已长大，用不上了。那对夫妇不知道如何处理它，它看上去不太干净也不太新，没法送给别人，但如果直接当垃圾丢掉又觉得浪费。所以它就那样放在院子里，因为雨水和泥土而变得越来越脏。他们也会好奇，它还有没有其他的用途？他们想过一些主意，但从没有下决心施行任何一个。这是一个经典的例子，告诉我们回答这个问题有多困难：在什么情况下，丢掉在理论上可能还有用的东西是一种浪费？对于这对夫妇来说，扔掉那间玩具屋就让他们感觉到浪费。

但你可以用另一种方式来看待这个问题：他们有一个漂亮的后院，本可以用来做其他事情，可是他们却浪费了这个空间，把一个破旧的大塑料玩具屋闲置在那里。此外，他们还要花费时间和精力来争论与这个玩具屋有关的问题。这不仅是对他们情绪能量的一种浪费，而且玩具屋还在不断地提醒着他们，有一件未完成的事务！把玩具屋的例子乘上十几倍，这就是多余的物品每年或每月会浪费掉你的时间和精力，究竟是每年还是每月取决于你有多少东西。

在此基础上，再把环保方面的考虑加进去，这个决策过程就变得更加复杂了。我们总听说回收和再利用的话题,这方面的考虑让我们难以扔掉任何不是完全腐烂或无用的东西,即使你没有计划再使用它们。但是,把你的家或院子变成一座垃圾场,这种做法会更好吗?我们没有扔掉多余的东西,而是保存它们、储藏它们、堆积它们,只是因为偶尔可能用到它们。结果造就了一个充满杂物的房屋,这本身也是浪费。

当然,"不浪费"带来的最大浪费,就是太多的东西给一个人的身心带来的伤害。我们之前讲过巴里和他妻子梅利莎的故事,他因为物品而变得非常抑郁。他的背伤让他没法工作,于是他把太多的时间花在看电视上,并房子没有足够的空间让他起身走动,这也恶化了他的身体问题。此外,与世隔绝肯定对他的情绪也有影响,而且对身体健康也不好。

这是一种浪费吗?

浪费的方式有许多,有时最明显的那种方式——扔掉仍然有用的东西,实际上这并没有其他做法那样浪费。如果你们在为扔掉某样东西是否算浪费而争论,请阅读下面的标准。

这是一种浪费,如果:

☐你的屋里扔得到处都是的东西是没有用

你体内的囤积欲

过的。一件免费的东西如果没有被使用，只是放在那里，这也是一种浪费，即使你没有花钱。

☐这件东西占据了宝贵的空间，这些空间本可以用来放其他物品。

☐你花费了过多的时间来考虑如何处理它，这是对你时间的浪费。

☐看到它放到那里让你感到无力，这是一种心理能量的浪费。

☐当你看到这个东西的时候，你就意识到自己一直逃避着不去处理它，这也是心理能量的浪费，让你感觉糟糕。

☐你买下超过自己需要的东西，只为了获得某些你并不需要的赠品，你把钱浪费在了最终会被浪费的东西上。

不是我们拥有的所有东西都会用得上，有些最终必须被"浪费掉"，这是一种很难被接受的观念，这让人们感到非常不舒服。我们中的一些人会因此感觉，我们好像对于已经拥有的全部并不感恩，而世界上还有这么多人比我们拥有的更少。不珍惜我们拥有的东西，根据这种逻辑（当然，实际上这并不符合逻辑），也就意味着我们不在乎那些拥有更少的人。这会不会让我们显得有些无聊和任性？别人会不会这样看待我们？当一个人考虑丢掉一些东西时，所有这些负面的想法和扭曲的念头会在他的脑海中萦绕，导致预期的焦虑，让他不敢放弃这些东西。

我们赋予物品的象征含义，以及我们的物品没有发挥最大潜力的这种想法，都会让人觉得，被浪费的超过了物品本身。我们都曾与这样的人吃过饭，他们认为在盘子里剩下任何食物都是浪费。我们许多人都听父母说过，非洲有儿童正在挨饿，所以我们应该感激我们所拥有的食物，不应该浪费它们。这背后的含义是，我们自私地认为自己的幸运是理所当然的，然而实际上只是我们占有了太多的部分。食物代表了花在超市里的钱，烹饪它们所花掉的时间，可能甚至还有其中所包含的爱与关心，所以把它们留在盘子里好像是不对的。在一些家庭里，如果有任何东西没被吃掉，就会让孩子觉得自己是一个坏人——一个浪费的人。但在你不饿的时候吃得太多，这就不是一种浪费吗？这也是一种浪费，还有因为"不浪费"所带来的那些压力也是。在你不饿的时候吃东西意味着你可能会发胖，给你带来健康问题，浪费你的精力和金钱。

简而言之，你不必因为你与你的物品的关系，而错失你渴望过上、而且应当过上的那种生活。虽然你可能并没有生活在危险之中，但你可能过得很不舒服，更不要说与家人一起享受你努力创造的生活。物理上的杂乱带来情绪上的杂乱，影响你的享受，造成许多压力。

好消息是，如果杂乱确实给你的生活带来了负面影响，你可以改变你的思维方式，从而改变自己与物品的相处方式，创造不那么杂乱的环境。我在杂乱者中经常观察到的一种扭曲观念是："我就是一个无组织的人，所以尝试改变是没有意义的。"这是一种思维错误，让许多人不去减少他们的物品和情绪杂乱。当我治疗那些有这种观念的人时，我帮助他们环顾四周，让他们意识到这种观念可能是不正确的，并替换成另外一种更有帮助的看待问题的方式——"我房子里有些区域并不是无组织的，所以说我自己是无组织的人并不准确。"

改变你的思维方式会改变你的行为，这会进一步强化一套观念系统，使你的生活正常运转。这就是认知行为疗法（CBT）的基础，它已经帮助了许多强迫性囤积症患者，对于那些问题不那么严重的人也同样有效。通过CBT，小的改变会带来很大的成果，这本身就是一种奖励，帮助你维持自己的积极行为。在下面的章节中，你会看到具体的操作方法。

5

是时候负起责任了

　　这是一个重大的决定：你终于开始努力，让自己免受杂乱的影响，它们已经占据了你太多的生活空间。对于那些问题严重的人来说，降低杂乱需要根本性的努力，需要改变扭曲的思维模式；对于那些问题不那么严重的人，以及只在特定领域（比如财务文件）有问题的人来说，处理杂乱问题可以通过培养新的习惯来实现。令人惊讶的是，这些习惯维持起来并不困难。不管是哪种情况，带来的回报都是相当巨大的——你会感到更快乐、更冷静，对于生活环境有更多的控制力，与朋友和爱人的关系也会得到改善。

就像前面提到的，强迫性囤积症患者在面临可能无法获得一件想要的东西，或是必须放弃一件或更多的东西时，会感到巨大的焦虑。对于有杂乱问题的非囤积者来说，他们面临需要清理某个柜子或是放弃很多东西的状况时，也会感到一定程度的焦虑。下面将要给出一些建议，它们基于我在诊所使用 CBT 对焦虑障碍进行治疗的案例。通过坚持不断地使用和练习这些方法，会给有杂乱问题困扰的人带来非常大的帮助。

强迫性囤积症的治疗

每当一个新的患者到诊所接受评估，我会首先与他建立亲密和信任的关系。许多强迫性囤积症患者不会寻求治疗，是因为他们对自己的房屋状况感到羞耻或尴尬，或者害怕放弃自己的物品。让受访者感受到支持和尊重，这在治疗过程中是非常重要的。

通过直接的询问和测评，我会对问题的严重程度有所了解，并确定最佳的治疗形式。具体来说，我会要求来访者完成一套生理心理社会史（biopsychosocial history）问卷，这涵盖了他生活的所有方面，包括过去和现状。这其中包括但不限于：童年史、创伤或虐待史、并发症状的诊断（有时患者的行为可能与多种问题有关，比如强迫症、多动症或是抑郁）、精神健康问题的家族史、症状的出现时间以及它们对于个人生活的影响、过去使用过或现在正在使用的药物、过去和现在的医疗问题、当前的生活环境、关系问题，等等。

下一步是使用其他问卷来补充这些信息，其中包括我开发的强迫性囤积保存物品问卷（Compulsive Hoarding Saved Items Questionnaire，参见附录 A）。这个问卷涵盖了人们通常会囤积的物品，并让他们评定放弃它们会带来的焦虑水平。

因为强迫性囤积症是一种心理问题，会被损失、压力或其他创伤事件加剧，所以在与来访者进行一对一治疗时，最重要的是鉴别出囤积问题出现的导火索事件，因为这些都是我们开始治疗后出现的、必须处理的感觉或是问题。我们还会一起鉴别任何有影响的环境因素，比如成长在一座杂乱或是囤积的房屋中。

治疗强迫性囤积症患者的一个关键点是，应该正视他的挣扎，而不要因为他的行为或房屋的状况而谴责他。很可能他的家人已经开始对他大吼大叫，因为他的囤积而纠缠他、谴责他、怪罪他、嘲弄他。囤积行为带来的压力和后果已经让他的家人备感疲惫，忍受够了，还要承担经济上的损失。但是，愤怒战术不会激励一个人去接受治疗。通过理解、同情、尊重和开放交流，我们可以形成一种联盟关系，开始解决所爱之人的强迫性囤积症所带来的问题。

我还会增加一些问题，就像下面列出的那样，询问患者的生活方式，以及他们的家庭和社会关系。如果你是一个杂乱者，可能会发现问自己这些问题是有帮助的。

杂乱或囤积怎样影响着你的生活？

你的房屋中有哪些区域已经无法发挥本来的用途？

杂乱和囤积在多大程度上影响到了与你住在一起的人？

如果你和孩子住在一起，他们会请朋友来家里玩吗？

你会邀请客人来访吗？

你是否在情绪上依附于特定的物品？

你是否害怕如果放弃特定的物品，就会丢掉过去的回忆？

你是否有完美主义倾向？

你觉得你的组织策略有效吗？

你是否难以专注地做事？

你是否难以决定保留哪些，而又丢掉哪些？

你是否害怕如果放弃了一样东西，就没法

应对可能的损失所带来的焦虑？

　　如果房子着火，你会带走什么东西？

　　如果你家里被盗，你最不希望被偷走什么
东西？

　　在治疗的开始，我会向我的患者（可能还有家人）解
释关于强迫性囤积症的知识，还有规定的治疗协议。在
最初的对话中，我会评估房屋是否有任何安全问题，以确
保不会对患者或其家人的健康或安全造成危害。我们会
在一起设置目标，建立现实的时间表，并讨论出一些减少
杂乱的规则。我们会讨论接下来应该做什么，包括家庭
作业，这些作业旨在帮助患者练习降低房屋的杂乱程度。
这可以锻炼患者在没有治疗师帮助的情况下使用这些技
术的能力，并建立他们的信心，让他们相信自己可以使用
这些策略作出正确的决策。

　　接下来，我们会安排一些会面，让来访者把一些他愿
意面对和挑战的东西带到办公室。在这些环节中，他会
描述自己是如何获得这些物品的，它们对他而言意味着
什么，以及为什么令他难以放弃。我们会致力于发展出
更实际的思维方式，并让他自己决定愿意放弃什么。再
往后，我鼓励患者允许我进行家访，这会让我对于他的囤
积程度以及需要完成的工作，有一个清晰的认识。

CBT 与囤积

强迫性囤积症的认知行为疗法（CBT）旨在降低杂乱程度，改善决策过程，并加强抵抗力，来抵御囤积过多物品的强烈诱惑。具体来说，这包括一系列策略，主要聚焦在维持囤积行为的因素上。其中的一些策略涉及强迫性囤积症患者对于自己或物品所持有的不良信念或假设；其他策略则是行为层面的，比如学习如何抵御购买的诱惑，或是丢弃导致杂乱的物品。还有一些策略涉及时间管理、分类或是组织方面的困难，这些问题都会影响到一个人保持房屋整洁的能力。

认知行为疗法鼓励受试者采取一种既深思熟虑、又积极主动的方式，以改变那些填满你头脑的负面思维模式。这意味着直面那些扭曲观念，挑战它们，通过回应它们来让自身感觉更好。大多数人对自己都会有否定、悲观甚至有自我伤害的念头，这些念头重复足够多次，人们就会相信它们。如果没有一个中立的声音来帮助你，让你意识到这些信息可能是不正确的，你很容易就会把它们当作事实来接受。有些人的自尊心会被这些负面信息深深地影响，甚至发展出抑郁症。其他人可能不会意识到它们的存在,在生活中自然地相信这些扭曲观念,而不会追问它们的准确性到底如何。

可以看看这个例子。如果一个患者说:"我没法扔掉任何东西",这是一种认知扭曲,我们称之为"全或无思维(all-or-none thinking)"。这是一种非常死板的、非黑即白的看待自我的方式,有时患者会认为这些是事实,但其实它们根本就不是。用非黑即白的方式看待自己的能力,会让人的思维受限。一个 CBT 治疗师会与这个人交谈,创造出"灰色"的地带,帮助他认识到自己的观念有多么扭曲以及多么消极。接下来的治疗会聚焦于那些他能够放弃的东西,指出全或无的思维对他并没有好处,并找到其他一些全或无思维影响的例子。对于杂乱者来说,全或无思维更常见的一个例子是:"我这么忙,永远不会有时间整理房屋。""永远"这个词通常标志着全或无思维的存在。

很容易看到,将生活的决策长期建立在对于自己的错误和消极观念上,会导致严重的不幸福。例如,如果一个人相信自己没有能力对自己的物品作出正确的决策,那么他就不会太相信那些对此持不同意见的人,并且不会做出努力,来证明他对于自己的认知是错误的。他继续待在一个杂乱或囤积的环境中,继续相信他错误的信念——他不善于作决定。强迫性囤积症患者有许多扭曲的观念，涉及物品的力量，以及如果停止获取或开始丢弃这些物品，他们相信自己会产生的感觉——这些扭曲观念在他的眼中都是真理，所以他会继续积累物品，直到深陷其中（许多情况下这只是字面上的意义）。杂乱者也会体验到许多类似的扭曲观念，但他们的想法通常没有那么极端或强烈。

患者从 CBT 中学到的一个重要概念是，我们的感觉和信念并不一定是真实的。想象一下，是不是你曾经认为某人在生你的气，并因此感觉很不好，但之后却发现他并没有这样。或者你认为自己肯定通过不了某个考试，并为此而自责，结果发现你的成绩其实挺不错的。在开始的那一刻，这些念头感觉起来都非常真实，但结果并非如此。我们大多数人都能想到许多这样的事例，一开始的感觉或信念后来被证明是不真实的，甚至是完全错误的，极大地扭曲了现实，对我们没有任何好处。通过认识到这些没有帮助的消极念头是扭曲的，并用事实来证明它们的不正确，长此以往，便可以重新塑造你的信念和行为，让你对于自己和自身能力更有信心。

还有另一个例子来说明信念可能有多强大，以及我们可能没有意识到它们是扭曲的。我听到过许多满怀愧疚的女性说出类似这样的话："如果我不能让自己的家整洁有序，我就是一个不称职的妻子和母亲。"当然，这也是一种全或无思维。这样想的女性对于她们作为配偶和家长的整体能力进行了评判，而这种评判是基于错误的信念，即认为好的妻子和母亲必须善于做家务。除了全或无思维，这种扭曲也是"贴标签"的一个例子（你是"好"或"不好"的，但实际上很少有人处于这样的极端状态，而且你是否善于处理家务，与你是否适合做家长或配偶，也没有必然的联系），同时还是一种"应该陈述"（一个"好的"妻子应该善于处理任何与家里有关的事情）。在治疗中，我会帮助有这种扭曲观念的女性认识到这些，并发展出对她们更有帮助的新观念。在这个例子中，新观念可能是："让一个房屋一尘不染并不会让我变成好的妻子。爱我的伴侣，关心他的需求，做一个支持性的倾听者，这些才会帮助我成为一个好妻子。"渐渐地，这些更加实际的观念会取代那些消极的观念，患者也会自我感觉更好。

强迫性囤积症与常见的认知扭曲

从这一页开始，我将列出戴维·伯恩斯（David Burns）博士鉴定出的一些常见的认知扭曲，他是斯坦福大学医学院的心理治疗和行为科学荣誉客座教授。我还会描述强迫性囤积症患者是怎样使用它们的，你可能会注意到其中有些重叠。

1. 全或无思维（也叫二分思维）：即用非黑即白的方式看待事物。如果你的表现不完美，你就认为自己失败了。强迫性囤积症患者通常会陷入这种思维，例如，"如果我没法让整个房屋变得整洁，就不必去尝试"或者"如果我现在不买下来，我就再也找不到它了"。我经常听到的另一种扭曲是："如果我没法控制自己的购物习惯，我就是完全失败的。"通过让他们看到与这些扭曲观念相悖的证据，帮助患者认识到，即使家中的一些区域有些杂乱，其他区域可能并非如此。

患者可能会说"没错，不过……"而我则会让她花一分钟时间，集中精神思考我说的话，认可自己已经完成的那些清理工作，并认识到事情并不需要完美无缺，这样才能让她快乐。有些扭曲观念非常顽强，需要大量的练习，可能还要有更多的证伪事例，才能让一个人认识到，她认为正确的东西并不一定就是正确的。接下来，我可能会让她重构这种信念："在减少起居室的杂乱程度方面，我已经干得很好了，我也有一个合理的计划，在下个星期处理其他的房间。"这些是同样一组事实，但可以通过一种不同的、更少"失败主义"的方式来看待。

2. 过度泛化：一个单一的消极事件，被认为可能带了一种永无止境的失败模式。一些强迫性囤积症患者可能会说:"我难以决定该丢掉哪些东西,我就是一个犹豫不决的人,我没法对生活中的任何事作决定。"一旦他认识到了这种观念是扭曲的,可以通过这种方式来重构:"决定丢掉什么东西对我来说特别困难,但是在许多其他事情上我的决策都不错,比如什么时候带孩子去看医生,或是如何处理工作中的棘手问题。"

3. 贬低积极的方面:否定积极的经历,坚持认为它们是由于这样或那样的原因,不能算数;通过这种方式否定自己的成功,让自己仅仅关注于没做好的那些事。假设你很好地整理了卫生间,当有人针对这件事称赞你时,你却认为它只是一次侥幸,你并没有努力地、专注地、全心全意地让这个区域变得整洁。类似的例子是,你可能把注意力放在了客厅上,里面仍然堆着很多东西,却没意识到你已经清理了厨房,车库也清理好一半了。如果你的配偶称赞你如何漂亮地整理了一堆报纸,你会说:"哦,还有五堆需要整理。"如果一个人习惯于贬低积极的方面,我会让她花一分钟时间体会接受到的称赞,并赞赏自己已经完成的事情。还有更多的东西需要去完成,这件事并不会折损她已经很好地完成了某事的事实。因为一件成就而接受赞美,这没有问题,无论成就大小。

4. 读心术:消极地解读别人的想法或感受,即使没有什么可靠的证据来支持这种结论。你可能会确信你的配偶对你很失望，而不去证实这件事。"我的丈夫说，他觉得我在购物方面的决策比以前有改进，但实际上他认为我已经失控了。"这是杂乱者错误解读信息的一种方式，赋予了事情全新的消极意义。核实查证是戳破这种扭曲的最佳方式。问问你的丈夫为什么丢掉你的东西，可能就会发现他只是认为它没什么价值，而又刚好没有询问你对它的感受。通过进行这种开诚布公的交流，你们可以一起开始清理的工作，并了解到对于彼此最重要的是什么。

5. 预测未来：一个人可能会预期未来会变糟，并把这种预测视为已经确立的事实。这种悲观预期带来的焦虑称为预期性焦虑（anticipatory anxiety）。他们预期如果丢掉了某样东西，会发生一些不好的事情（可能会伤害某人的感情，或者他们还需要它），所以为了逃避这种焦虑，他们会保留这件东西。"如果我现在不买下来，将来会一直后悔"，这是我经常听强迫性囤积症患者说的话。当然，如果他们最后买下了这个东西，就永远没有机会来实际检验一下，这些观念究竟是否正确。

6. 灾难化：预期可能会出现最坏的结果，并对它作出反应，就好像预测已经成真一样。这通常会导致一个高度夸张的结论。我曾有一个患者，他不愿丢掉一个破损的毛巾架。他说自己之所以不想放弃它，是因为尽管它已经破损了，而且他也有其他能够使用的毛巾架，但他未来可能会用得上它。他保留它，以此来防止体验到后悔引起的焦虑，这种焦虑是因为他害怕如果确实丢掉了，将来可能还需要。作为治疗师，我的任务是帮助他认识到，一个破损的毛巾架对他不再会有用，而如果他现在的毛巾架坏了，他需要的是一个新的来替换，而不是一个破损的，最终他能够认识到这种观念是一种扭曲观念。

7. 情绪性推理：假设自己的消极情绪反映了事件的真实情况，"我感觉到它了，所以它一定是真实的"。许多强迫性囤积症患者陷在类似这样的情绪性推理中："我感到其他人在批判我，所以他们一定是在这样做。"这样的人可能会避免他人来访，或者不去寻求帮助，这导致了孤僻和退缩。如果一个人陷入到情绪性推理中，我会温柔地鼓励他们考虑一下，他们是否能肯定此刻的感觉就是真实的。一旦怀疑的种子被植入到他们的头脑中，我们就可以通过询问来检验他们的理论。即使他们没法证明自己相信的东西真实与否，"自己有可能想错了"这种念头也会带来不同的思维和感受。

8. 应该性陈述：用"应该"和"不应该"来激励自己，仿佛有一个严苛的声音在督促你。"我本应该丢掉更多的东西"或者"我不应该在整理东西的时候遇到这么多困难"，你经常使用"必须"和"应当"这样的说法，这种习惯给你带来的情绪后果就是内疚,以及连绵不断的挫败感。"我应该能够控制我的购物行为"、"我应该能够扔掉坏了的东西",还有"我应该能够抵御旧货甩卖的诱惑",这些都是杂乱者可能陷入的想法。通过认识到这些想法的本质——它们都是一些扭曲的观念,用某种武断的标准来评判你,而你并没有为达到这些标准作好准备——你可以更清楚地认识到自己处在什么阶段。例如,"我还没培养出足够的技巧来抵御旧货甩卖的诱惑,但我会继续努力的",或是"我仍然在练习如何决定扔掉哪些物品,我不应该期望自己每次都能作出正确的选择"。

9. 贴标签:这是过度泛化的一种极端形式,你并没有鉴别出思维中的错误,而给自己或他人贴上负面的标签,例如"我是一个失败者"。在治疗中,我经常会要求来访者服从一套规则,这套规则可以帮助他们缩减物品的数量。但是,如果一个人违背了某条规则,她可能会给自己贴上这样的标签:"我今天冲动地买了一些东西,所以我就是一个失败者。"换句话说,她并非仅仅是没有抵御住诱惑而买了那个东西,而是这个错误让她整个人都成为了一个失败者。错误的标签包括使用高度偏见化或是情绪化的语言,来描述一件事或一个人。

CBT需要时间和重复才能有效,史密斯学院的兰迪·福斯特博士与同事在完成的几项研究中发现,CBT

在治疗强迫性囤积症时非常有效，特别是如果患者能够坚持下来，不退回到过去的习惯（例如各种扭曲观念）中的话。接受 CBT 最有效的患者，就是那些在诊所治疗后能坚持完成"家庭作业"的人。

暴露与强迫性囤积

暴露（exposure）是 CBT 中的一个行为成分，用于帮助强迫性囤积症患者学会如何应对负面情绪，这些负面情绪是他们直面自己害怕的东西时所无法避免的。例如，一个人想要开车经过一个旧货卖场而不停下来，或者忍住诱惑不走进挂着"清仓甩卖"牌子的商店，或是不去把邻居丢掉的柳条篮子捡回来。这些做法很有可能会带来后悔的感觉，还有一些认知扭曲，比如"可能旧货卖场里有便宜的买卖，但我却永远不会知道"；或是"我错过了参加清仓甩卖的机会，永远不会原谅自己"；或是"我本应该拿走那个篮子，机会永远地错过了"。这些扭曲会引起强烈的后悔，而我要求我的患者坐观（sit with）它们。一般来讲，怀疑（"不知道错过了什么"）和恐惧（"我永远不会恢复过来"）并没有想象的那么糟，而且"错过"的感觉，能够帮助检验害怕的那些东西究竟会不会发生。长此以往，就可以降低房屋的杂乱程度。

另一个例子是丢掉某样东西，然后努力抵制住诱惑不去捡回来，并坐观由此产生的焦虑。这可能会带来损失感，好像永远地失去了它，再也拿不回来了。这非常有挑战性，也是我为什么更愿意选择一件不会让患者特别焦虑的物品作为暴露疗法的起点的原因。就像贾森的治疗那样，我会让患者使用 0～10 的分数，评定一下他们预期的焦虑程度。0 分代表没有焦虑；10 分代表可能惊恐；5 分是中点，代表中等程度的焦虑。如果一样物品处于焦虑程度较低的那一端，比如 2 分或 3 分，那我就会从这件物品开始。一旦患者明白了他有能力应对自己的焦虑，我们就会继续尝试那些低水平的触发物（物品），直到他准备好进入更高的水平。

有些治疗师相信"淹没"的作用，一开始就使用那些让患者感到高度焦虑的物品。这种信念认为，通过让患者首先面对最高水平的焦虑，之后处理其他更低水平的物品就会变得容易一些。这可能是正确的，但我觉得这种暴露方式会带来一定的风险。因为当我们感到焦虑时，我们的神经系统会提醒我们潜在的危险。我们需要用这两种方式之一进行反应——战斗或者逃跑。如果一个人被要求进行的暴露练习——放弃一件他认为必不可少的东西，并由此带来了太高水平的焦虑，那这个人就有可能没办法应对它，于是选择逃跑，终止治疗。而逐渐地、系统地暴露触发物，可以提高一个人对于治疗成功的信心。

暴露对于 CBT 的支持是很有意思的。回想一下那个痴迷于旧毛巾架的患者，他非常确信，如果丢掉了那个破旧的毛巾架，因为害怕未来可能用得上，他会产生无法承受的焦虑。如果他不去挑战这种想法，他永远不会发现他对自己感受的判断到底是正确的还是错误的。但如果他被鼓励直面这种恐惧——丢掉那个毛巾架，并监控自己的感受，他很可能会发现，这种焦虑完全处于他可以应对的水平。他预期的焦虑远远大于实际体验到的焦虑，因此他可以认识到自己的念头是一种扭曲观念，并改变了自己的行为。当这名患者认识到自己的扭曲观念后，他同意丢掉了那个毛巾架。他本来预期他会体验到 6 分的焦虑；15 分钟之后，我再问他感受如何，他报告说焦虑降到了 3 分，而且强烈地感觉自己不会再从垃圾堆里把它捡回来，他确实也没有这样做。

同样的原则对于杂乱问题也有效。想象一下你家中某个难以处理的柜子或是区域，以及每当你想到整理物品时所体验到的焦虑。假设你的柜子里塞满了通勤服，这些衣服自从你在家工作之后就多年未穿过。有两三件套装是你喜欢的，其他几件则是即使在你不得不每天上班的时候,也最不愿意穿的。评定一下,一想到要丢掉这些套装,会给你带来多少焦虑?可能焦虑的程度很高,因为丢弃它们的念头引起了对于未来的担心:如果你要重新回去工作,却没有这些套装了,那该怎么办?那样你就必须把钱花在你已经拥有的东西上,这是一种浪费,甚至可能被解读成是一个"不环保的人"。回去工作的念头本身也会带来焦虑,并且会与丢弃套装带来的焦虑交织在一起。相比之下,更容易的做法是把这些套装放回柜子里,关上柜门。但如果你确实放弃了它们(比如捐给慈善机构),那么你实际感受到的焦虑很可能远远低于你的预期。

反复地面对恐惧,并学会应对这些恐惧带来的不舒服的感觉和想法,这可以让焦虑渐渐消退。它可以让本来让人觉得无能为力的情境(比如清理车库),变得看上去能够应付,并且对于强迫性囤积症患者来说,还可以帮助他们作出正确的决策,决定丢掉什么或者获取什么。这并不意味着恐惧会完全消失,但可以让一个人的行动不受恐惧的影响,并学会直面恐惧的存在,作出更好的、不是基于恐惧的选择。

当我在患者家中家访时,我会采取这样的方法:与他们一起走遍各个房间,帮助他们丢掉能够丢掉的东西。通常我们会从那些看上去是垃圾的东西开始,比如纸制品或是等待回收的瓶瓶罐罐。当我注意到一个人保存着一样物品——比如贾森保留的上百件古老的、破旧的、污损的小玩意儿，他希望修好它，并作为礼物送出去——却没有什么理由认为它需要被保留，我就会让这个人评定，丢掉这件东西会带来多大程度的焦虑。

我与贾森一起进行这项工作，他能够从所有这些破损的物品中看到价值，而我则会挑战他的这些扭曲观念。首先，是不是真的有人想要一个生锈的搅拌器，即使它在理论上还能用；其次，假设他花时间去寻找替换的零件，并且确实找到了，但是却需要花费大笔金钱去买（因为机器已经过时了，所以零件会很贵），这是不符合逻辑的，因为他可以用更少的钱买一台新的。

通过认识到自己的扭曲观念，贾森能够更好地决定扔掉哪些东西，并且通过清理出家中更多的房间他得到了需要的空间来修理那些真正可以使用并且确实有人想要的东西。当贾森开始系统性地丢掉那些不值得保留的东西时（这属于暴露），他坐观由此引发的焦虑，并忍着不去垃圾桶里把它们捡回来（这属于反应预防）。他发现，实际上他的焦虑并没有自己预期的那么高。

着眼于大处

下面将介绍一个概念,我发现它在治疗焦虑障碍的患者时非常有帮助。这不是一件特别复杂的事,我认为它更像是大脑中的弹出窗口,可以给一个人多一点的动机和力量来努力工作,达成他的目标。这个概念可以方便地用于任何这样的情景中——你短期内做的事情无助于实现长期目标或是生活的更大图景。

想法很简单,但是很有效——在任何时候,如果你出于回避焦虑而作出决定,你可以想想"更长远的好处"——某个更大的目标可以让你或他人收益;在头脑更加冷静的时候,你觉得它比简单地逃避更重要。通过这种方式,你可以重新组织你的决策,从而选择更加远大的长期好处,而非仅仅是在短期内延缓焦虑的发生。"更长远的好处"让你专注于未来的奖励。

这种思维方式对于焦虑障碍患者来说特别困难,实际上,对于任何因为某样东西感到焦虑的人来说都是如此,而我们大多数人都属于这个行列。处在焦虑状态中的人会以不正常的方式看待世界,他们如此担心未来未知的结果,所以现在做的事就是尝试控制未来,尽管实际上他们害怕的事情并不会发生，而他们的行为其实也没法改变未来。更重要的是，他们没有享受当下的生活。任何能够降低焦虑的东西，在此时此刻看上去都是"正确的"答案。

这是因为焦虑让一个人的世界变成了黑白分明的，并且焦虑者的"默认"选择也是如此："正确的"和"错误的"、"好的"和"坏的"。从焦虑的扭曲视角来看，"好的"选择就是那些能够降低恐惧、减少怀疑的行为；"坏的"选择则是那些增加恐惧、引发怀疑的行为。因此，假设夏天快结束的时候，一个强迫性囤积症患者在一家一元店里看到一套便宜的游泳装备，她的第一冲动是买下这些泳镜和救生衣，因为它们是"便宜买卖"，下个夏天能用得上。在强迫性囤积症患者的眼中，这是一个好的选择，因为在那一刻，她感觉她完成了某项成就——一笔好买卖，而且她逃避了那些恼人的想法，不必考虑如果没买下这些游泳用具，导致在需要它们的时候没有，或者明年夏天要花更多的钱时的痛苦。离夏天还有 10 个月，她没有地方存放这些装备，而且她的车库里可能已经有了一盒盒的泳镜和充气玩具，这些是她过去五次去一元店时买回来的。每一次，她都觉得看到了好买卖，但在此时此刻，这些东西看起来并不重要。

可一想到要放弃好买卖，就会给她造成怀疑和焦虑的感觉。如果再也遇不到这样的买卖怎么办？如果她改变主意再回来买，这副泳镜却被其他人买走了，那该怎么办？如果她在家中多年囤积的物品里找不到所需的东西，那又该怎么办？因此，她跨过了这种令人不快的焦虑，买下了装备。焦虑驱使了她的大脑，让它认为这是一个好的选择，因为它可以让她逃避不愉快的情绪。但是，这并不是一个好选择，因为它导致了更多的杂乱，并浪费了金钱。

因为强迫行为（在上面的例子中是购买，保存物品也是一样的）临时地降低了恐惧和/或怀疑，它们在焦虑者的眼中总是好的选择。但是，它们仅仅有助于在那个时刻（或是在短期内）缓解或逃避焦虑。它们并不会有"更长远的好处"，也不会让焦虑者过上更平静的生活。通过引入追求"更长远的好处"的想法——这种目标与焦虑诱发的恐惧和怀疑相比，更加激励人心——这个人不仅可以学会承认她的焦虑，最终还能够作出更有成效的决定，这对于克服强迫性囤积症来说是至关重要的。

"更长远的好处"这一理念也能帮助那些没有焦虑症状的人们。想一想你囤积的原因，或者当你要将整个下午用于整理衣柜时你会作何感想。你大概就不想去整理衣柜里的大部分东西了吧？比起坐在地板上决定是否要保留一套几乎不会使用的高尔夫球棒，你或许更愿意去做一些让你更享受的事情。即便我们没有被强迫性囤积症所困扰，决定要怎样处置物品还是会给我们带来焦虑。

假设你有一双两年前穿过的凉鞋。它们并没有破，但是过时了，或者穿着并不舒服。过去的两年内，你根本没有穿过它们，因为你总能找到比它们更好的选择。尽管如此，下决心扔掉它们依旧很困难，因为抛弃它们会让你觉得：我很浪费；它们还很好，我"应该"穿它们；再说，在自己并不真正需要的情况渴望新东西，这种做法很孩子气；如此种种。

这些都是认知扭曲的表现。就像我在本章中强调的那样，处理掉一件你再也不打算穿戴的东西并不是浪费的行为。实际上，留着它们才是浪费，因为这样做不仅占据了你的衣橱空间，让你不能轻松地找到其他你需要的东西，还让可能需要它们的人们没有机会得到它们。光细想这些可能被浪费掉的空间、时间和机会，本身就是累人而有压力的。

每当这时，想想"更长远的好处"会很有帮助。不去清理衣柜带来的焦虑会造成更多的"情感杂物"，与其如此，你还不如克服恐惧，着手开始清理。每次当你打开衣柜时，你都会看到那双凉鞋，还有和它堆在一起的众多的让你焦虑不堪的待处理物品。每当这时，你都会感到一阵疲惫和压力，于是再次关上了柜门。最快捷的办法是

你体内的囤积欲

把鞋子扔回衣柜,明天再说。这看起来好像是最简单的办法,但实际上,它让事情变得更难了。

在这个例子中,"更长远的好处"是很简单的:拥有一个干净整洁的、不会给你造成压力的柜子;或者是给配偶的衣物留出更多的空间,以此来减少你们之间的紧张冲突。将你的眼光集中于奖励上,它们可以激励你。此外,直奔主题,注意并不断地维护、打理柜子(比如在买来新东西时丢掉不要的旧东西),这可以帮你节省下未来的时间,让你可以把一整个下午的时间花在出门访友上,而非整理东西上。

对于泳池玩具的买主来说,如果我和她一起在商店里,我会要求她停下来,睁大眼睛思考一下到底要不要买。"你看到这个沙滩球时想到了什么?"她的回答可能是:"这是一个好买卖,而且我知道孩子们会喜欢它的。如果我现在错过了这个买卖,这个机会就永远不会再有了!"

接下来我会指出,今年孩子们用不上泳池玩具,因为他们参加夏令营去了,而且她曾经告诉我,她不记得自己已经拥有哪些游泳装备,因为她找不到任何一个(在她不处于焦虑状态的时候,用一种非评判的方式提起她告诉过你的事情,这是一种非常有价值的方法,让她注意到扭曲的观念)。我会指出,当她想象自己的机会可能会"永远地"失去时,她是在进行全或无的思维,而且她在预测未来。我会让她考虑一下,明白将来很有可能再次遇到这样的机会。她很可能会同意这种逻辑。

但是,如果她仍然宣称,自己没法抵御购买这些玩具的冲动,我会让她想象一下不买它们可以带来哪些"更长远的好处"。她可能会提出,她多了几美元,可以花在一些立刻用得上并且确实需要的东西上(这是照顾自己的一种方式),而且她没有在天气转冷的时候买回来更多的户外用品,这也会让他的丈夫感到高兴(这属于服务他人)。接下来,我会建议她考虑一下"更长远的好处",来帮助她抵御购买的诱惑,坐观她的焦虑,看看到底会发生什么。

有一个幽默的小故事:曾有一个患者到我的办公室说:"在我家没有合适的椅子。"我问他这是什么意思,他说:"为了坐观我的焦虑,我试过坐在每把椅子上,但每把都感觉不对。"我解释说,"坐观"焦虑并不是字面意义上的,而是通过直面你的焦虑,不做任何缓解它的事情,以此在情绪上挑战它。显然,你可以真的通过坐在一把椅子上来做到这一点,其他人当然也可以通过不去购买东西、开车回家等其他方式来做到。

这一章中我介绍的方法是治疗强迫性囤积症患者的基础,而且它们对于任何会因为焦虑而作出决策的人都有效。扭曲观念,以及那些后天习得的、导致杂乱环境和冲动性购买的行为,都可以通过练习来矫正;而"更长远的好处"——一个更加轻松、更少压力的生活——是每个人都能掌握的方法。

6

获取的渴望：
将自己从"游猎收集者"的状态里拖出来

　　你可能会很惊讶地发现，强迫性囤积症患者的思维模式和一般人的差别其实并不大。我们任何人都可能会看到一条新牛仔裤，或是一个新的电子产品，觉得没有它们就没法生活下去（我们当然可以生活下去，并且应当考虑到我们衣柜的大小、拥有的电子产品数量以及银行存款，我们大部分人应该这样生活下去）。我们的肾上腺素开始分泌，视觉开始变得异常敏锐。很快的，就像电影场景一样，周围一切都变暗了，一束聚光灯打到我们渴望的东西上，而它不是一个爱人，而是一条高档牛仔裤，或是一部 iPad。神经递质——大脑中神经系统传递信息的物质——开始流动，"死了也要买"的强烈冲动让你掏出了信用卡。

一些专家相信，获取的渴望是由大脑硬件决定的，这在一定程度上是正确的。许多动物会通过囤积食物来预防匮乏的时期；此外，一些人类学家相信，囤积可能给早期的人类带来了一些进化上的优势。当然，我们现在很幸运地生活在一个物质丰裕的文明社会里，所以这种本能（如果它确实是本能而非后天习得的话）就变成了一种适应不良的行为，我们并不需要拥有所有能获得的东西。

我们中的大部分人——包括我在内，我也非常喜欢购物，但有能力意识到我们处在一种自动获取的模式中，并能够忍住不去购买或者收集物品，比如银行赠送的免费钥匙链或是其他东西。我们会提醒自己，我们并不需要这样东西，买不起它，或是没地方放它。当我们不能制止自己的获取行为，买下或带走了不需要的东西，回家之后我们也会重新考虑这个决定，有时还会感到后悔。当我们下次面对相似的情境时，这种后悔情绪就可以成为一种天然的障碍。

强迫性囤积症患者更难遏止自己的获取冲动——后悔、来自家人的责备，甚至是大量的负债，都不足以战胜这种冲动。肾上腺素分泌所带来的愉悦感和成就感，这些都是我们"赢得"一笔好买卖或是找到喜欢的东西时，可能会有的体验；一些研究者相信，除此之外大脑的愉悦中枢也会在获取行为中被刺激。控制冲动的问题、回避焦虑的渴望、作出正确决策的困难，还有导致获取行为的强大的认知扭曲，这些都是强迫性囤积症患者在面对一件诱人的物品时需要抵御的东西。如果这个人像许多非囤积者一样，把购物作为逃避生活中的日常压力、孤独或其他情绪问题的方式，那么他们获取冲动的强迫性将变得更加强大。

有时，一个强迫性囤积症患者会有意识地作出决定，去狩猎和采集——购物、逛旧货卖场或是在垃圾箱里淘宝；其他一些时候则是随意的，比如他可能会在走出电影院时，被街旁的清仓甩卖所吸引。你可以将这类人视为免疫系统存在问题的人：他可能与其他人一样暴露于相同的病原体（在这里是诱人的甩卖）下，但是远比其他人更容易受到感染，而且与那些免疫系统能够正常对抗疾病的人相比，病情更加严重。

重新思考你购物的方式

我之前就说过，就像在非囤积者中一样，强迫性囤积症患者的获取冲动的强度也是各有不同的。获取和丢弃物品是所有强迫性囤积症患者都会面对的问题，但有些人会有更加强烈的获取冲动，另一些人则在丢弃物品方面有更大的困难。

我有个患者名叫托妮（Toni），她有着特别强烈的冲动去获取物品。托妮和她的丈夫一起接受治疗，她的丈夫深深地爱着她，急切地希望帮助她走出强迫性囤积的问题。丈夫是家里挣钱的人，托妮则会在他回家之前，把时间都花在购物和搜寻"便宜买卖"上面，直到他回家。

托妮的获取动机大部分是由于她是一个真诚善良的人，渴望为他人做事，赠予他人东西。她过去经常会进入减价商店，直奔打折区，买下那些她认为将来可以送人的东西。有时她还会购买手工艺用品，比如刺绣针，来为她朋友的孩子缝枕头；或是购买一些信纸，给她生活中那些体贴的人写感谢信；她也会购买过量的衣服。

走进她的房子，我看到了在许多囤积之家都能看到的景象；我称之为"沃尔玛大爆炸"。这些零售商都有非常低廉的价格，诱人地码放着商品，对于强迫性囤积症患者来说这是很难抵御的诱惑。袋子、礼物标签、盒子、包裹，还有其他新买的东西，都被仔细地分类放到不同的堆叠里，一直堆到了天花板。尽管对于外人来说，很难发现这些堆叠有什么规律或者理由，托妮却知道每个袋子或是盒子里有什么东西,以及她准备拿它干什么。

托妮的丈夫会温柔地建议她丢掉那些东西,但她会笑着回应他"别傻了,这是给玛丽的"或是"不,我不能放弃它,我准备把它用在教会的项目上"。在我介入的时候,他已经觉得提出建议是没有意义的,因为托妮总会为她的动机进行辩护。

托妮就像许多强迫性囤积症患者一样,很少会真的实现买东西时的那些计划。在白天的时候,她的丈夫去上班了,她则害怕如果不去商店的话会错过好买卖,所以整天都在外面。等她丈夫回家后,她则把全部时间用来陪在他身边,周末他们会一起外出旅行,拜访亲朋好友。托妮也是一个交际型的人,热心参与社区的活动,而那些极端的强迫性囤积症患者通常很难这样做,因为囤积让他们变得怠惰,并且尴尬地不愿邀请人来访。

我相信,这也就是她的丈夫能够如此容忍她的原因。他经常不在家,所以能够躲开家中激增的物品。此外,据她丈夫所述,托妮对他非常关心体贴,这也弥补了他们生活方式的问题。一方面托妮对丈夫的爱让他更容易生活在囤积的家里,另一方面他不敢就这些问题直面她,所以他不愿意设置这两个方面之间的界限。对于那些与强迫性囤积症患者或杂乱者住在一起的人来说,很关键的一点是,不仅仅要适应和接受现状,还要不断地维护自己的需求。

在治疗的开始,我让托妮把信用卡交给丈夫,并要求她不要再去某些让她特别难以抵御的商店。她承认,购物的冲动让她感到无力;而缺乏简便的支付方式,也在她和商品之间设置了一道障碍。这对夫妇尚处于负债之中,所以我让托妮只随身携带少量的现金,并且不去银行。但是,这些仅仅是短期的解决方案。虽然在强迫性囤积症治疗的初期,限制获取途径有一定的帮助,但长期地依赖于这种回避,就意味着这个人永远没有机会学会如何抵御她的冲动。我让托妮采取这些办法只是一种权宜之计,让我们有时间清理她的房屋,并更好地理解她的获取和囤积行为。渐渐地,她需要学会如何在手握信用卡和现金时抵御购买的冲动。

最开始,托妮和丈夫一起去购买真正需要的东西,这本身也是一种挑战,因为她会劝他去某家限时优惠的商店里"只看一眼",他则很难阻止她买下想要的东西,他说自己只是希望妻子开心。我将整个家庭放在一起治疗的原因之一就在于,那些强迫性囤积症患者身边的人虽然此时此刻可以帮助他们避免焦虑,但却没有考虑到长期的目标。托妮的丈夫还不能够认识到,抵御获取的冲动,长远来说会令她更快乐,这会给他们更多的空间,让他们能够一起坐在沙发上,或是一起在餐桌上吃饭,等等。在这样的例子里,考虑托妮"更长远的好处"会很有帮助。

据此,我们制订了一个新的计划,同意由我来陪她一起购物,这样当她受到诱惑想买某样不需要的东西时,我们可以主动地处理她的认知扭曲,这将帮助她学会在获取阶段采取不同的思维方式。接下来,我们的目标将是让她在和丈夫一起时,锻炼这些新学会的技巧。

刚开始时发生在食品店中的事,可以代表我们每次购物的情况。对于想打破囤积模式的人来说,这家商店的布置方式会带来特别的困难:不管我们从哪个入口进入,看到的第一样东西都是减价购物车以及"今日特别优惠"。尽管把钱节省给真正需要的东西是很好的,但对于那些希望遵从购物清单的人来说,优惠商品通常不在清单上,而且只会增加家中的杂乱程度。记住:如果某样东西对你没用,或是你家中已经有了另外一份,不用就过期了,或是它会占据你的空间,增加你的压力,那么不管它多便宜,都不是一个"好买卖"。

尽管我们有购物清单,托妮还是坚持要快速地看一下减价购物车,那辆车里装的都是玩具。她和丈夫并没有孩子,她头脑中也没有某个特定的孩子,但是她还是想要买下各种玩具,"以防万一"遇到某个用得上它的小孩。她对于食物也有类似的思考模式,尽管那些优惠的食物并不是她特别想要的,她还是想去买,因为它们都很便宜，想着也许有一天某个客人会喜欢。因此，这就很容易理解为什么她的厨房没有台面空间了，所有的表面都堆满了烘焙的食物（她和丈夫都不吃）、蛋糕粉和饮料罐，就等着有人来拜访。她和丈夫会从超市购买微波炉食品或熟食，因为家里没有空间做饭。这种"浏览"不想买和不需要的物品的倾向，在杂乱者中也是非常常见的。

买下某样东西，"以防万一"某种无法预见的未来事件会发生，或是预防某个说不出名字的人想要用这件东西，这是强迫性囤积症患者常见的思路。对于托妮来说，如果她没有买走食品店架子上的辣椒罐头，而某个来做客的人又特别想吃辣椒，这种念头太容易带来焦虑，让她没法思考，所以她会把罐头丢进购物车。当我指出这种想法的逻辑结论时，它就显得非常不合理了——某个托妮说不出名字的访客，恰好在她家做客时特别想吃辣椒，这种可能性是非常小的。但在那一刻，焦虑的感受是非常真实的，正是因为想回避这种感受，才导致了她的行为。非囤积者也会有类似的表现，不假思索地收集一些将来可能有人用得上的东西，不过程度要轻一些。

许多时候，会有好几种认知扭曲同时在起作用。在托妮的例子里，当我质疑她是否需要获取如此多的食物时（特别是那些她和丈夫都不喜欢的食物），她说："如果有人来访，我却没有为他们准备他们喜欢吃的食物那该怎么办？这会让我变成一个糟糕的女主人。"这就是贴标签。我提醒托妮说，她这是在贬低自己在其他方面照顾好客人的能力，如果真有人来访的话，帮客人泡杯茶，在干净舒适的房间里招待他们，这也是很好的方式。

站在那车玩具前，托妮会激动地拿起每一个玩具，从各个角度检查它，阅读它们适用的年龄范围，并夸赞它有多可爱。"你不觉得它可爱吗，罗宾博士？"她会这样问。我会避免回答这样的问题。如果我回答"是"，她就会将我的答案作为购买理由，我们就会陷入对话的死循环，她会为这种购买辩护。如果你与一个有获取冲动的人一起购物，可以温和地问一些问题，比如"你用不用得上这件东西，就在今天？"或者"你家里是否有放它的地方？"许多时候，这两个问题的答案都是"不"。这一次，我问她这些玩具是给谁的。她回答说："嗯，让我想想……"当她在脑海中把自己认识的每个孩子都过一遍时，我可以看到事情已经出现了转机。对于一些玩具来说，她能想到一个特定的孩子，但大多数时候她会承认，她想买下这个玩具，只是为了"以防万一"遇到一个能用上它的孩子。

这时我就会启发她，让她思考抵御购买玩具的诱惑会带来哪些"更长远的好处"，这正是任何杂乱者在购买物品时应该问自己的问题。对于她来说，考虑不依冲动行事带来的长期好处，这并不是她的本能倾向，所以她努力地思考了很长一段时间，最终说："抵御这件玩具的诱惑，可以让我继续保持努力，减少带回家的东西，而且我的丈夫也会很高兴地知道，至少在今天我经受住了诱惑。"我为她能这样思考而感到激动，于是我们继续往前走，而当我们走开的时候，她一直往回看那个购物车，渴望地望着它。我并没有指出这一点，而是支持她的正确决定。我告诉她，我预期她会遇到很大的困难，但她最终作了正确的选择，这正是我希望她关注的东西。

对于托妮来说，从她下决心不买的商品边走开，这不是一件容易的事，但过一段时间之后，她的注意力就会转移到其他事情上。我温和地向她指出这一点，这样她就可以认识到，如果她没有买某样东西，走开之后她并不会承受永远的折磨。这种策略对于杂乱者也是有效的：如果你放弃一样东西，使得自己感到焦虑，那就不要一直想着它，你会发现，大多数东西其实没有那么重要。托妮就发现，她可以忘掉这些东西。

无论是对于托妮来说，还是对于冲动购物的非囤积者来说，关键都在于质疑自己关于如果不买下东西就会如何的假设，这需要停下来思考，保持专注，而非像平常那样，仅仅是把东西买下来。这可以帮你试一试，不买东西究竟会带来多大的焦虑（其他人会买下它，我会后悔没买），以及这种焦虑会如何随着时间而减弱。

导致杂乱的那些购物陷阱

购物者经常遇到的一种陷阱或是认知扭曲，就是认为如果错过了某样商品，他们会陷入无尽的痛苦。我并不是说，如果没有按计划买某样东西，它就不值得买。要点在于，如果你有杂乱的问题，那么许多时候你购买的理由经常是不准确的，会让你陷入不良的购物习惯当中。

陷阱：这买卖太划算了，我不能错过。

恐惧：如果我现在错过了，而将来又需要这东西，就要花更多的钱在别的地方买。如果我回来的时候已经卖完了，可能就完全错过它了。

换一种角度：只有当你需要它、有空间存放它，而且在（最好是较近的）未来的某个具体时间点会使用它时，它才算是一笔好买卖。你可能永远不需要它，这样就是对于空间和金钱的一种浪费，你还可能每次看到它都会后悔。如果你之后确实需要花更多的钱去买相同的东西，这也不太可能让你负债。

陷阱：我可能永远不会再找到这样的东西

159

了，你永远不知道什么时候会需要它！

恐惧：我可能会遇到一些突发情况，如果我没有特别急需的某样东西，这会让我感觉很糟，我不知道该怎么办！

换一种角度：如果你在购买某样东西的时候，不能确定到底为什么需要它，那么很可能现在你并不需要它。如果你将来确实需要它，也可以到那时再想办法得到它，或者在没有它的情况下去面对问题。而如果你从不需要它，那么买它就是浪费金钱。要想过上整洁有序的生活，关键就在于活在当下，关注眼前和近期的需求。你可以通过练习，建立起对于自己的信心，相信自己可以及时获得需要的东西。

陷阱：这东西很有用，所以我要保留它。

恐惧：如果我没有充分利用某件在我眼中并不是完全没用的东西，那我就有些浪费了。如果我没有保留某样可能有用的东西——比如一把太钝的剪刀，虽然我不知道去哪里才能让它变得锋利，也不会花时间去做这件事——那么我预期将来可能产生的后悔感是让人无法忍受的。而且，如果我浪费了它，那就说明我是一个浪费的人,这是最坏的一种人,因为世界上还有许多人没有足够的食物。

换一种角度:它可能还有用,但如果现在你用不上的话,把它放在抽屉里并不会让它变得更有用。丢掉不需要的东西并不是一种浪费,你没有责任去充分利用你遇到的所有东西。

陷阱:我留着它是作为后备,以防将来会需要。

恐惧:如果我发现自己没有需要的某样东西,就不知道该怎么办了。

换一种角度:我们生活在一个物质丰裕的社会里,如果你需要某样东西,你总可以得到它,或者找到其他同样有用的东西。如果你有某种特定的恐惧,害怕某种特别的情况发生(比如,厕所总是溢出来,而且很可能短期内再次发生,那就最好有足够的纸巾备用),那可能还值得考虑一下。但是,为了没有根据的某件事作准备,这是另一种陷阱,它让你持有不需要的东西。

陷阱:我今天太倒霉了,应该款待一下自己。

恐惧：给自己买某样东西，可以让自己感觉更好，而且我也没有精力抵御这种诱惑；如果不买的话，这会让我感觉更差。

换一种角度：在经历了困难的一天之后，你想要做点什么来安慰自己，这是完全可以理解的。但是，增加你的杂乱并不能给你带来好处——这会增加你的生活压力，让你更难找到需要的东西，并且会花掉超出你承受能力的钱财。为什么不用一些非物质的方式来款待自己呢？比如到公园里走走，或是打电话给朋友。

陷阱：这会是送给某人的好礼物。

恐惧：即使现在想不到具体的人，将来还是有可能遇到某个能用上它的人。如果出现了这种情况，我又没把它买下来，那就意味着我不是一个体贴周到的人。

换一种角度：这件东西可能是一件好的礼物，如果不买下来，另一个人就会把它买下来，送给别人。但如果你不知道到底要送给谁，那么它很可能会被丢到家中的某个角落里，弃置不用。如果将来确实有某个特定的人，你想送他一件礼物，那时再买也不迟。你可以根据这个人的需求来决定送什么，这才是真正的体贴周到。

陷阱：小的时候，我妈从不给我这样的东西。即使我现在用不上它，我也想要。

恐惧：如果我没有控制感，或是得不到小时候想要的东西，这会让我感觉很糟；既然现在我有这个能力，我就要控制自己的生活。

换一种角度：给自己买小时候不被允许拥有的东西，这并不会带走童年时期的匮乏所带来的悲伤，只会增加你房屋的杂乱程度。你可以告诉自己，现在如果的确想要的话，你随时可以拥有它，这就足够了。这就证明你对于自己的生活已经有了足够的控制。

陷阱：这是一条琥珀项链，我收集琥珀首饰，所以我必须得到它！

恐惧：如果我没得到这条项链，我会错过它并为此感到后悔。我会一边看着我的首饰收藏，一边想："要是当初我买了下来……"

换一种角度：将你的收藏看作是发挥创造

力和思考的机会。不要仅仅因为一样东西属于某个类别，就把它买下来，而是应该考虑一下样式、主题、艺术等因素。与你已经拥有的藏品相比，这样东西有什么不同，有多特别？这些信息将会帮助你作出深思熟虑的决策。

免费和便宜的诱惑

强迫性囤积症患者以及有杂乱问题的非囤积者，并不只是在商店里购买东西。被赠予的东西、被丢弃的东西，或是旧货卖场里廉价出售的东西，都是他们的目标。

与买新东西相比，许多人喜欢从二手市场淘宝，或是在别人扔掉的东西里挑挑拣拣，这会给他们一种不一样的满足感。在旧货卖场或跳蚤市场里，最明显的一点就是这些东西都很便宜，所以很容易高估它们的价值。有的时候，卖主会介绍这样东西的历史——这些玻璃果酱罐原来属于一个阿姨，她小时候就失去了双亲，被陌生人抚养，所以这些罐子对于她来说具有特殊的意义。对于强迫性囤积症患者来说，他们本身就容易给物品赋予太多的情感内涵，所以这样的故事会让他们觉得物品更有吸引力。物品在旧货卖场里出售，这个事实也会提高强迫性囤积症患者购买的紧迫感——如果现在不买,我可能永远不会再有机会,因为旧货甩卖会结束,我再也没法回来了。

对于强迫性囤积症患者来说,"拯救"别人认为没用的东西,这种行为带来的个人成就感和满足感,怎么强调都不过分。许多强迫性囤积症患者可以通过想象自己做到了别人做不了的事,来获得成就感:在一件几乎所有人都认为是垃圾的东西中,发现一种用途或价值。强迫性囤积症患者并不是认为自己比丢掉东西的人更好,但他们有时会表现出一种夸大的倾向——相信自己可以完成别人做不到的事,比如从一无所有中创造出某种令人惊叹的东西。

认为自己在未来某个空泛的时间点,使用得到的物品,这种不切实际的感觉属于认知扭曲,它增加了强迫性囤积症患者的物品数量。许多人都会有乐观主义的想法,认为自己有能力而且一定会完成某件事,虽然这种想法与现实相去甚远。回想一下贾森,那个热衷于从旧货卖场里收集破旧装置的人;或者是特雷弗(Trevor),过时的电脑部件占据了他的客厅;以及托妮,她为别人而做的手工艺项目从没有完成过,因为她把时间都花在了购物上。他们的意图都很好,但却根植于许多思维扭曲和心理陷阱上。与从一开始就不获取这些物品相比,放弃这些被弃置的、不被喜爱的物品所代表的东西（成就、创造力、慷慨），要更困难一些。他们的想法是，只要这些物品还在那里，就总是有潜在的可能性。如果你用他们的双眼来看世界，就很容易理解，为什么购买或是获取战胜了其他行为。

　　免费的东西会给强迫性囤积症患者和杂乱者带来更大的挑战，虽然这种挑战略有不同。不用任何代价就可以得到某样东西，特别是这样东西可能是全新而非二手的（一个样品或是促销商品），这种想法令人难以抵抗。我经常出门旅行，我承认我总是很难放弃宾馆提供的那些免费洗发露，虽然我有自己喜欢的品牌，每次需要时都会购买它们（旅行时也会带着）。我不会用这些一小瓶一小瓶的洗发露，但却感觉只有带走它们，我的钱才花得值得——不管怎样，房间是我花了钱的。我也不喜欢错过雅诗兰黛专柜的"免费礼品"期，直到他们提供免费礼品才会去购买，而这些礼品通常是一个化妆袋，里面有一些小样。我不会用这个化妆袋，但我喜欢"免费礼品"这个主意。这并不合理，但似乎又完全合理。如果一个人可以在买东西时获得免费礼品，那为什么要在没有免费礼品的时候买东西呢？对于我个人来说，如果没有足够的存放空间，我可以抵御住物品的诱惑，但对于那些杂乱或囤积的人来说，放弃免费的东西会是极大的挑战。

多萝西·布雷宁格（Dorothy Breininger）是我参加《囤积者》节目时合作过的个人组织者之一，她也是洛杉矶的德尔菲组织中心（Delphi Center of Organization）的创始人和主任。她有一句名言："免费可能会花费巨大代价。"她的意思是，免费的东西——一瓶瓶的洗发露、飞机上的眼罩，或是房产办公室里印着企业标志的小指甲锉，会增加你的杂乱，给你带来压力，让你付出代价。车子里、手袋里、办公室里或是家里的杂乱，都会制造出不必要的压力，因为你无法在需要的时候找到需要的东西；类似收据、账单这样的重要物品，与其他东西混在一起，如果弄丢的话会造成金钱上的损失；你还可能错过重要的事件，比如在过期一周之后才找到参加新生儿派对的邀请。当你眼中看到杂物的时候，会感觉不好，因为它提醒你还有一件杂事没做——清理，而这会引发焦虑。

不许进来！五种避免将杂乱带回家的方法

根据个人组织者多萝西·布雷宁格的观点，最好的办法是一开始就不要把东西带回家，除非你真的想要而且需要它们。"一旦它们到了你家，你就会在情感上依附它们，这让丢弃变得更难，即使你并不需要它们。"她这样说。我也同意。下面的五种办法，可以帮助你避免把更多的杂物带回家。

1.世上没有免费的午餐。免费的东西很少真的是免费的，在杂乱、无组织甚至金钱上都会让你付出很大代价。

2.有目标地购物。如果你家里很杂乱，就选择一块你能够容忍的区域，把买来的东西直接放到那里。比如，你喜欢旅游，那么下次你在古玩商店里与某样商品作斗争时，就提醒自己正在为之攒钱的那一趟旅行。你难道不愿意把钱花在一个风景秀丽的度假地上，吃一顿令人难忘的晚餐吗？问问你自己，你是不是还需要另外一套蜡烛或是其他东西，它们可能弄乱你的厨房桌。这是另一种形式的"更长远的好处"——记住你的长远目标，以此来抵御冲动性购物。

3.在视线周边购物。在类似沃尔玛这样的超市、药店或是批发商里，你真正需要的东西通常放在外周的通道上。如果你需要里面的某样商品，那就进去买，不过不要在里面闲逛。

4.忠于你认定的品牌。就像多萝西所指出的，对于相似的商品，我们面临着太多的选择。

如果你喜欢你的黑莓手机，那没必要因为你朋友有一台 iPhone，就自己也"试一试"。你可能并不会喜欢它超过现在的手机，而且你需要学习新产品的使用方法，以及各种盒子、充电器和旅行电源适配器，它们都会增加你房屋的杂乱（如果你有非常好的理由更换，那就换吧，但是不要只是随便玩玩）。

5. 把礼物送出去。你不需要仅仅因为某样东西是别人送的礼物，就一定要留着它。即使是像婚礼、毕业或是生日这样的重大事件，你也可以整理一下你收到的礼物，决定如何处理它们——保留、送出去、退回或是捐赠。多萝西说，如果你收到了一盘 CD，你知道自己不会去听，那就不要把它和你其余的 CD 存放到一起。把它放在门边，上面贴上礼品小票，兑换成你喜欢的东西，或者尽快重新送出去。一旦它进入你家，就会与其他杂物混在一起。更好的办法是，让送礼者事先就知道你想要什么。

在实际的层面，这些免费的洗发露构成了多萝西所说的"初级不动产"，你把它们从旅行包里取出来，放到台面上，在那里它们造成了杂乱，让你更难找到一直存放在那里的东西，比如你的牙刷或洗面奶。于是你把它们挪到药品柜里,在那里它们挡住了感冒药,这样当你感冒的时候想要吃它,你需要在里面挖掘,把洗发露、眼药水和其他杂物打翻到水槽里。你渐渐变得泄气和恼怒,这些都是因为那些看上去免费的东西。很显然,这些洗发露并不是真的免费。它们给你造成压力,消耗你的精力,你本可以把精力用在更好的地方。

除此之外,就像多萝西所说,即使在金钱方面,免费的东西也很少真是免费的。她描述了下面的情境,我们很多人都能从中看到自己的缩影:假设你登记接收了三期免费的杂志。很自然地,这家公司会登记你的信用卡,虽然不会扣你的钱,除非你"决定"继续订阅。我们很少有人会主动继续订阅,我们只是忘了取消它,或者甚至忘了我们是不是要继续订阅。所以你什么都不做,杂志每期都送来,你就开始需要花钱了。如果你本来就要订阅这本杂志,那没什么问题,但很有可能你只是上了那三期"免费"杂志的钩。

因为你一开始并没有主动地想订杂志——你并没有对自己说"今天我要订阅《划船和滑雪》",但是三期免费的杂志让你没法错过。你可能不会真的看它,于是它就变成了另一件弄乱你屋子的东西,以及另一件让你感到内疚的东西,因为你把钱浪费在不看的杂志上。这些不看的杂志变成了情绪上的杂物。你可能会想要停止订阅,但是不知道该怎样弄;可能需要在登记时记下的一串特殊编码,但你已经找不到它了。所以为了取消订阅,你花了一个多小时,拨打各种800电话,在一个电脑化的电话语音系统里输入你的信息,这让问题变得更加复杂了,因为你是通过另外一家公司的特别优惠订阅的。你开始感到紧张和愤怒。也许你放弃了,而杂志是自动续订的,所以接下来的几年里你会一直收到它。终止订阅依然在你的待办事项里,与其他你想要完成的项目和任务一起。这都是因为最初你追求某样看上去免费的东西。

多萝西还指出,即使是免费的家庭服务,也可能增加你的情绪负担和房屋杂乱。假设有人来家里,对你的供暖系统做一个"免费的"评估。很快,你就开始从这家公司收到大量的垃圾信件,有时还有电话和登门拜访,它们让你的信箱、你的电脑还有你的房子变得杂乱。如果你不向这些推销屈服(提供免费试用的公司也不会轻易放弃,因为你已经表现出了兴趣),那么你就需要花费大量的时间来删除电子邮件,把你从他们的邮件列表里取消。即使你需要这家公司提供的服务,免费的诱惑也经常会蒙蔽你的双眼,让你不能准确判断打包的服务有没有价值。

简而言之,最好避开"免费"的东西,特别是如果你有杂乱问题的话。对于那些组织度很高的人来说,他们能够作充分的研究,货比三家,所以可能能从这些免费服务中获益;但是,提供这些服务的公司,更倾向于利用那些组织能力不强的人,虽然那些人的本意可能是想好好组织的。

罗宾博士的杂乱者守则

守则 1:进来一件,出去一件。如果你买了一双鞋,你应该有一双鞋准备丢弃或捐掉,以免柜子塞满了。

守则 2:没有无家可归的东西。如果你考虑把某样东西带回家,你必须能为它找到存放的地方,或是用它替换别的东西。"先放在大厅了,直到我找到地方",这不应该是你能够接受的回答。

守则 3:能够知道你会在何时、怎样去使用这样东西。除了存放的地方,这件东西还需要一个使用计划。"哦,很棒,这里有卖模型陶土,太划算了!"但这不是带回家的理由。"下个周末我的侄女们过来,她们可以玩陶土!"这才是一个好理由。注意这里既有具体的日期,也有具体的计划。

守则 4：活在当下。如果你买了一件新毛衣，也知道你会丢掉一件旧的，那就在把新的放进衣柜的同时，把旧的取出来。如果你把这件事拖下去，你就不太可能真的找到一件毛衣来丢弃。

守则 5：不要重复。如果你已经有了一样东西，买另一件类似的东西并不是一个好主意，即使它很划算。例外是，如果你确实有针对这类东西的储藏空间，比如地下室里的清洁用品。但是，你必须要有一个清晰的计划，决定何时以及怎样用到它。

守则 6：如果它需要先进行某种修理，那就不要带回来。在大多数情况下，你不会真的修理它。如果你想减少杂乱，那么任何破损或需要翻修的东西都不应进入你的视野。

为了你买不到的东西而购物

一些人把购物作为一种获得个人成就感的方式，并用它来逃避生活中一些令人痛苦的现实。你可能还记得阿曼达，那个与父母住在一起的年轻女子，她没有工作也没有很多朋友，整天都待在家里购物。她是一个典型的例子，代表了许多强迫性囤积症患者或非囤积者的情况。

当阿曼达能够控制她的花销之后，她认识到生活的内容远比购物和把自己关在卧室的小世界里要多得多。但是你不一定需要有囤积的问题，才会将购物作为一种手段，来逃避生活中痛苦的情感或问题。锁定一件物品，把它变成属于你的，这种念头会刺激大脑愉悦中枢的化学反应，带给你一种成就感，即使这种感觉是转瞬即逝的。许多人都能从购买新东西里获得安慰，而且走出家门，加入到商场的人群里，这其中的社交成分也非常吸引人。购物非常容易，不需要花费心力，而我们获取漂亮东西的渴望也是一种本能。当生活在情感上给我们带来挑战时，我们可能会感觉需要用漂亮的东西把自己包围起来。这最终不会满足你内在的需要，但是至少在那一刻可以分散注意力。

不幸的是，正是这种分散注意力的方式，让你从正在经历的痛苦或不适中获得暂时的愉悦和安慰，让你想要回到商场购买更多东西。一个人越多地用购物让自己分心，就越少有机会坐观自己努力逃避的那些感觉，也就没法跨越这些感觉。更难的那条道路——带领你通向生活中"更长远的好处"，则是直面这些不舒服的感觉。不管是焦虑、伤心、悲痛、孤独还是抑郁，我们只有解决了这些情绪产生的源头，才能真正从痛苦中走出来。购物疗法并不是答案。

下面是一些行为，我鼓励患者在购物冲动来临时这样做。通过做购物之外的另外一些事，一些不那么逃避但可以让你感觉更好的事，你会真正改善自己的生活，而非只是增加杂乱。改变行为也可以帮助你改变自己的思维方式，这正是认知行为疗法的原则之一。

● 锻炼。如果你在感觉不好时想去购物，试试快走、跑步，或是其他让你心率增加的活动。锻炼可以帮助你降低过剩的肾上腺素，并提升大脑中让你感觉良好的化学物质的水平。类似地，瑜伽也有镇静和集中的作用。任何数量或类型的运动都好过完全不运动。

● 冥想。冥想可以降低焦虑。你不需要上正式的课程，仅仅是闭上眼睛，深呼吸，重复一段让你感到安慰的咒语，就会有帮助。

● 去咖啡馆或是图书馆，而非商场。购物的社交功能有很大的吸引力，但你可以用更有意义的方式获得人际交往，比如与朋友在咖啡馆会面，或是给你的孩子讲一小时故事。你也可以去一家正在举办免费的读者见面会的书店，或是提供免费课程的编织店。记得把你的信用卡留在家里，只带上足够用于活动花销的钱。

● 回归自然。开车到乡下，或其他可以让你远足或是享受户外活动的地方。把时间花在大自然中，可以帮助你镇定下来，保持头脑清醒。园艺也可以达成这种目的，或是去本地的温室、公园、动物园。

● 上一门课程或加入一个团队，用你本来可能花在购物上的钱。如果你的生活中有一种空虚感，追求一种兴趣可以填补这种空虚。更好的办法是，用一些你已经买下来的东西，去完成一项你丢在一边、准备在"有时间时"完成的工程项目。

● 志愿者。一些人购物是因为找到一样好东西然后买下来，这会给他们带来成就感，或是来自他人的赞赏，他们喜欢这种感觉。寻找其他能让你体验到相同成就感的方式。如果不起作用，也许你可以去能发挥你的技能的地方，参加相关的志愿者活动。

● 翻到本书的附录 B，那里有许多其他的活动，可能会吸引你。

增加杂乱程度的常见购物花招

市场营销人员和零售商会使用一些营销技巧，让我们购买多于需要的东西，很少有人能免疫。如果你有杂乱的问题，你可能特别容易受到这些技巧的影响。下面是几个这样的技巧，留心它们，可以让你不那么容易被忽悠着打开钱包。

☐免运费。当在线购物时，为了达到免运费的标准，经常会购买比计划更多的东西，但是在下单前请做一些算术。假设你要买一本20元的书，多花5元可以为你免去运费，所以你在购物车里加了一本10元的书，但你并不需要也不太可能去读这本书。你花掉的钱比你支付运费的情况还要多，而且还让杂乱的风险加倍。

☐"黑色星期五"甩卖，或是其他任何节日的甩卖。在这样的活动中，你肯定可以找到便宜买卖；但它们混乱的氛围会促使人们作出糟糕的决策，买下比需要更多的东西。限时甩卖创造了一种虚假的紧迫感，在购物者之间培养了竞争，让你感觉正在争相购买的东西很有价值。

☐大购物车。如果可能的话，去沃尔玛这样的巨型零售商店时带一个手篮，而不是推一个巨大的购物车，否则你会受到诱惑，用你不需要的东西填满它。如果你真的需要很多东西，让你的配偶或是购物伙伴也带一个篮子，或者把两个篮子放在购物车里，不要买超过篮子容量的东西。

　　□到处都是镜子。大部分服装店都在墙上安了许多镜子，很可能你在里面看自己形象的时候，会发现一些问题，于是你就从货架上找一些东西，让自己看起来更好。就像在饥饿时购买食物不是个好主意一样，买衣服前也最好花时间打扮一下，让你显得有吸引力和自信，这样你就不容易感到需要用新衣服来"修正"自己。

7

清除杂物

兰迪·福斯特博士，史密斯学院的心理学家和研究者，我在这本书里多次提到他，他曾说强迫性囤积症不是一种房屋问题，而是一种个人问题。这句话的意思是，你可以进入一个强迫性囤积症患者的家，用一两天时间清理干净，但除非强迫性囤积症患者解决了他的问题，否则可能在很短的时间内，房屋就会回到原来的状况——甚至可能更糟。

一位女性曾打电话向我咨询，她趁着成年的儿子外出度假，把他的公寓清洁整理了一遍，想借此帮他一个忙。她告诉我说，过去她曾丢掉过儿子的一些看上去像垃圾的东西,但儿子却对她发火。当然,几个月之后,儿子的公寓就又塞满了更多的东西。这里的教训是,问题不是出在房屋的状况,而在出在居住者的心理状况:没有人能替他人决定什么东西是重要的,什么是不重要的。

如果我们有杂乱问题,那么解决问题产生的原因而非仅仅是清理杂物,也是同等重要的。一旦你下决心处理你的物品,你可能会冲到容器商店,买回一堆新的桶、抽屉和节省空间的特殊挂钩,然后就开始清理整顿杂物。如果仅仅是缺乏组织这种简单问题,这种策略是有效的。但除非你作一点心理上的整理——找出你的问题区域是什么,以及为什么它们会杂乱这么久,并想出一个组织计划,让它可以按你预想的方式起作用,否则几个星期或几个月之内,你就会回到开始的状态。唯一的不同是,现在你又多了一堆桶、抽屉和挂钩,加入到你的杂物里。

这就是另一个理由,告诉我们为什么对于强迫性囤积症患者来说,参与到他们房屋的清理工作中是非常重要的。需要学会作出更好的选择,决定留下什么、扔掉什么(确实,他需要作选择,而非默认地保留物品,或是鼓励他人替他作选择)。他也需要学会如何用对于他自己来说有意义的方式去组织物品,而非只是遵从专业组织者的建议。这样他可以恢复对自己能力的信心,并降低结束清理之后又回到旧习惯的风险。虽然在清理之后,站在一个干净、整洁、气味清新的起居室中,这种感觉本身就是一种奖励,但它不足以支持杂乱者很长时间。旧的习惯很难改变,新的习惯则很容易消退,特别是如果他没有解决关于物品的认知扭曲,或是学会如何用不同的方式思考他的物品和环境。

如果你试图帮助有杂乱问题的亲朋好友,仅仅帮忙清理他们的空间并不是最好的帮助方式。每个人对于她的东西都有高度个人化的依恋,而且新的物品组织系统必须是符合直觉的。仔细地整理一堆杂物中的每一样物品,这个过程当然可能非常乏味,但只有慢慢来,让杂乱者自己负责决策,这样才能更好地帮助他。你的角色是提供进行清理工作的苦力,并提供支持和鼓励。

如果你自己就是一个杂乱者,我希望这一章能够帮助到你,给你带来实质的、可持续的改变,改善你的生活。这就是我帮助患者做的事:我让他们仔细思考为什么自己会持有这些的东西,以及他们如果不再拥有这些东西,会有怎样的感受。克服坏习惯的唯一方式,就是解决行为背后的问题。简单地下决心并不会有效果,也不会带来长期的改变。

最不能帮助杂乱者的五种做法

1. 未经他的允许就丢掉物品。这会带来冲突和不信任。到底丢弃哪些东西，这个决定必须由住在这个房子里的人来作。

2.缠着他，让他变得有组织。人们不会回应唠叨或是带有敌意的争论。应该积极鼓励他将东西丢弃的行为，如果杂乱问题是持久性的，很可能这个人已经对自己有很多自我批判。把你的声音加入到他的头脑里，这只会让他感觉更加无法承受。相反，应该赞美任何成功，不管这些成功有多细微。

3.用非言语的方式表达你的失望。帮助一个人减少杂乱是非常有挑战性的，但是架起胳臂、叹气、翻白眼，这些都是传达批评的方式。如果你发现没法让自己停止表现出失望，就休息一下。

4.告诉那个人你觉得哪些东西是重要或不重要的。这样做只会让他为那些东西辩护，并感觉你没有为他的最大利益着想。这也会导致谈话偏离主题，无助于达成当前的任务。

5.未经许可就为那个人作整理。你的出发点可能是好的，但这种做法让他没法学会如何自己来做。如果新的组织行为是他自己学会的，那将有助于维持他已经取得的成功。

最能帮助杂乱者的五种做法

1. 约定具体的时间来帮忙。通过让他按时出席清理活动，可以帮助他变得负责任。

2. 询问你可以如何帮忙，让他指引你。提供建议很好，但是要让他处在主导的位置。

3. 划分杂务，一起工作，并设立完成后的奖励，比如一起吃早餐或喝杯咖啡。

4. 在那个人体验到焦虑时，表现出共鸣。"我知道这会让你不舒服，我明白这是为什么。不过，我认为你可以应付它，所以我建议我们继续向前努力。"

5. 有耐心。杂乱并不是一夜之间形成的，也不会在一夜之间消失。

有许多个收纳箱也帮不上太多忙（特别是如果你只是把东西堆在上面），庆幸的是，还有出租的储藏空间，允许你把东西藏在视线以外。有的时候，杂乱是由于没能使用已经存在的组织系统；另一些时候则是由于组织系统不符合你的习惯；还有一些时候，你可能拥有完美的组织系统，但拥有的东西实在太多太多了，让它没法发挥应有的作用。在下面几页，你可以学到如何在清理中保持组织有序。

当习惯遇到拖延

关于我的患者，人们最常问的问题是："一个人怎么可能以这种方式生活，却没意识到它有多糟？"

答案就是——习惯。一间房屋并不会在一夜之间变得囤积，这个过程是渐进的，成千上万个关于保留什么东西的小决定（或是犹豫不决）积累起来，最终才导致房屋被物品塞满，以致危害到健康。对于住在那里的人来说，这种变化并不是突然的，所以他们感觉环境很正常。虽然来访的人可能会被强烈的动物异味熏到，住在里面的人却已经习惯，甚至可能根本注意不到，人们总是会习惯于他们的生活环境。

习惯会带来惰性，所以强迫性囤积症患者可能会变得有些漫不经心，虽然实际上情况可能很紧急。"没那么糟糕"、"只是有点乱"或是"我已经准备处理它了"，这些都是我经常听到的说法，就好像我们是在谈论水槽里的几个盘子，而非一袋袋满溢出来的垃圾。不是所有的强迫性囤积症患者都会否认情况有多糟糕，但即使那些能够感觉到情况的严重性并因此而警觉的人，也会感到无力，没法做任何事情。如果问题变得太大，就越来越不可能克服无力感,动手改变生活方式。我知道,一个人能够习惯于如此极端的生活环境,这可能会令人惊讶;但我们所有人都习惯于生活中自己所熟悉的事物。一个人喜欢的香水可能让另一个人头疼,一个人觉得昏暗的房间可能让另一个人觉得亮到无法忍受。我们都变得习惯于每天存在于我们周围的那些事物。

想一想那包放在你家门边的旧衣服,它在那里已经放了几个月了,等着被送去慈善捐助。很可能,它已经变成了你环境的一部分,你甚至对它视而不见。与此类似的是那串狂欢节的珠子,一直挂在你的门把手上,因为你没别的地方放它们。一旦惰性在起作用,很容易渐渐习惯于比这些更加极端的杂乱。

除此之外,还有非常常见的拖延问题,要讨论它必须先讨论完美主义。当我说许多强迫性囤积症患者有完美主义倾向时,很多人会感到惊讶,而这就是他们的房屋变得杂乱的原因之一。这听上去很不合理,因为他们的房屋状况与"完美"一词差太远了。

挣扎开始于一个人把一样东西带回家的时候。一个完美主义者想要选择"正确"的地方来存放它,但并不确定哪里才是正确的。当然,如果房屋很杂乱,要找到这样的地方就更难了。于是,这个人会把东西"临时地"放到某处,直到找到完美的地点,而这永远也不会发生。设立了这样高的标准，失败是不可避免的，这会导致拖延。他没法找出完美的地点，而且思考这件事需要的时间太多了，所以只好把它放到一边。

与此同时，他把越来越多的东西带回家里，随着东西被到处乱放，无组织的模式继续发展，增加了杂乱程度，让问题越来越持久。整理工作变得更加令人生畏，因为现在除了重新考虑整个房屋的布置，否则没法变"正确"。他可能开始想："如果我终归要失败的话，为什么要费心拥有一个井井有条的房屋？"所以堆叠和囤积就继续发展。

拖延不只是一个时间管理的问题，它是一种应对恐惧和焦虑的方式。他不会着手开始需要完成的项目，而是通过做一些不重要的工作来逃避。因为无论是否正确地处理，还是没法完成，这会让他感到焦虑。一次又一次地把问题推到一边，这种行为只会放大和确认他的失败感，降低自我价值，这当然是令人挫败的。

拖延是有可能被克服的，但如果它与许多强迫性囤积症患者拥有的注意力问题结合到一起，就会让他们在保持对任务的聚焦上变得极端困难。当抑郁开始显现，无力感就可能出现，本来很糟的情况会变得更糟。

当然，对于非囤积者来说，拖延也是一种重要的阻碍。我们中的任何人都有可能发现，在清理车库之外，有许多更愉悦的方式来度过你的周末。如果你很容易把任务放到一边，那总能找到更有趣的事情去做，而非做整理或清理工作。因此，许多人都有杂乱问题也就不足为奇了。

预期的焦虑

治疗强迫性囤积症患者的时候，我会先帮助他们做好整理物品时决定保留哪些、丢掉哪些的心理准备。在接受我治疗的 9 年前，琼曾在家中被一个入侵者强奸。她尽自己所能地应对这件事带来的后果，并向教会寻求支持，但没有接受专业的治疗。在她家进行治疗的时候，我们可以找到她的囤积行为和那次袭击之间的联系。屋子状况最差的区域——楼上的客厅，里面塞满了各种衣物和箱子，门都打不开了。那个时候这间房是她的卧室，也是强奸发生的地方。她封闭了这个房间，就好像封闭了自己心灵的一部分，这一部分包含着与那次袭击有关的记忆，这都是因为这件事太痛苦了，让人没法直视。琼在她的生命中已经经历了比别人更多的创伤，虽然这个惨痛的回忆并不是导致她囤积行为的唯一原因，但与它有关的情绪问题确实让她的强迫性囤积症明显恶化了。

等她作好了准备开始清理这个房间，我们一起慢慢地处理浮现出来的许多痛苦回忆。这是最令她害怕的房间，在整理房间里藏起来的衣物时，她开始正视那些自己一直在逃避的情绪。在一位创伤治疗师的帮助下，她开始主动地应对它们。通过同时处理她的囤积行为和痛苦回忆，琼不仅得以重新改造了她的房屋，也在整体上改善了她的生活。

对于许多人来说，决定如何处理持有的物品，这经常会引发负面情绪和焦虑的感觉——不只是强迫性囤积症患者才这样。想要完成清理工作，同时又不经历任何困难的感受，这种想法是不现实的。如果你没有为此作好准备，那么当这些感受浮现在你脑海的时候，你就更容易放弃或者去做别的事。你所逃避的可能只是一些轻微的悲伤，比如你预期自己在整理祖母留下来的首饰盒时，可能会体验到这样的情绪。或者可能是更加难以预测的情绪，比如整理你的财务文件时体验到的失败感和焦虑感。仅仅是看着它们，你就会感觉自己永远没法在财务上作出正确的决策，或是照顾好自己（这可能只是一种认知扭曲）。

为了给减少杂乱的工作作好准备，一个好办法是承认你在积攒物品方面的弱点，以及丢弃物品方面的困难。容易受到物品的影响，这并不会让你变成一个软弱的人，每个人都有自己难以抗拒的东西。实际上，找到你的困难到底在哪里，识别它们影响你生活的方式，这是力量和勇气的标志，也是改变你生活方式的第一步。

此外，应该预期到，当你清理杂物的时候，焦虑与不愉快的感觉和记忆会浮现出来。你要清醒地知道自己很可能会经历某种挣扎——其中有些会令你惊讶，这会让坚持目标变得更容易，不管你的目标是清理书桌，还是降低整个房屋的杂乱程度。没有人喜欢作艰难的决定，对于那些我们不喜欢在今天处理的事情，推到明天总是一个诱人的选择。这正是一开始你的房间变得杂乱的原因，你不想费脑筋思考如何取舍你的外套，所以为了逃避作决定，就把新的和旧的都挂在一起。要不要留着这个收据？是否扔掉一张碎纸片？这原本"不应该"很难，但如果你仔细考虑的话，它确实可能变得很难——如果将来需要它呢？如果那时手头没有，我该怎么办？一般来说，最好立刻决定如何处理你的物品，而非拖延每个决定，让你的东西高高堆起，这样会导致清理工作要花费一整个下午的时间。当然，情况并非总是如此。你会体验到什么样的感受，在很大程度上取决于你对于物品有多敏感，你赋予了它们怎样的象征意义，还有怎样的认知扭曲导致你没法扔掉它们。

保持正念

　　在清理工作当中，很重要的一点在于保持正念。我的意思是，应该在心智上和情绪上保持专注。这需要你把注意力放在手头的任务上，允许任何感受浮现出来，忘掉工作中的事，忘掉晚餐要吃什么，忘掉你明天需要清理房屋的哪些部分。保持全情投入不仅会让你更有效率，而且会让你学会在此时此刻对你的物品作出正确的决定，而不是拖延到杂物积累起来。

　　正念的概念包括：不评判你自己、观察浮现出来的想法、不评价它们的好坏。如果你在清理生活空间方面一直有拖延症，那么很可能其中有一部分是你一直在逃避的——也许是逃避花费时间，或是逃避整理物品时可能出现的感受。采取一种自我接纳的态度（头脑中出现任何东西都没关系——不需要控制自己的想法），这会让清理过程更有效率，因为你没有把时间花在糟糕的感受上。例如，你在整理冰箱、清理过期食品时，可能会产生粗心或是浪费的想法。如果你在清理时保持正念，就可以在注意到这些感受的同时，又不让它们击倒你。专注于眼前的任务，不要评判过去发生的事，这会让你向着前方迈进。

在清理杂物时保持正念，也可以帮助你认识和破解自己的认知扭曲，正是它们让你在情绪上和物理上处于杂乱的状态。假设你正在清理冰箱，翻出来一根莴苣，已经在保鲜格里发霉了。除了感到浪费，让你觉得自己是一个坏人（贴标签）之外，你还可能会觉得自己"永远"不会拥有干净的冰箱（全或无思维），因为清理工作实在太折磨人了。在那一刻，为了逃避应对这些感受，你可能会想把莴苣扔回保鲜格，摔上门，让它不再出现在视野里，也不再出现在脑海里。但采取正念的方式，则会允许你观察这些感受，而不给自己贴标签，也不陷入失败主义的思维中。重要的事情在于把莴苣扔进了垃圾箱，这是一种积极的改变，值得鼓励。

不得不承认，物品可以把我们困在过去，并偷走当下的生活。为了逃避与物品相伴的情绪，而逃避面对这些物品，这让你没法前进，没法实现自己的生活目标——在生理上和心理上过上健康、平衡的生活。你陷在过去越久，你错过的就越多，后悔也就越多，这些负面情绪最终会增加你的逃避。没有人想要直面不愉快，但就像生活中的许多事，比如找工作、跑马拉松或是减肥，你必须做一些艰难的努力，才能摘取最后的果实，并为自己达到的成就而自豪。

什么时候会忍无可忍?

对于杂乱者来说,处理他们混乱的生活环境已经很难了,那如果强迫性囤积症患者想要作出改变,又会怎样呢? 有时,一些外界的因素,比如家人的顾虑、负债或是安全问题,会促使囤积者开始转变。但其他时候,强迫性囤积症患者也能够找到办法自己采取行动。习惯和惰性是很强大的力量,但我相信战胜挫败感的力量可以更强。在某个时间点,在杂乱环境中生活所需要的能量,相比清理它带来的挫败感更强,这时你就会开始行动。

这种触底回升的感觉可以带来积极的变化,它的影响力会非常强大。一旦成功改变了生活方式,你可能会回想过去,并感到奇怪:"为什么要等到情况如此糟糕,我才开始采取行动?"这是一个好问题,只要你保持积极的态度——不相信后悔的作用,但相信学习的作用。你可能想要问自己:"下次我该怎么做?""我应该做什么,才能避免重蹈覆辙?"通过这种思维方式,你可以让自己在新的生活方式中继续前行。

行动吧：鼓起勇气，开始清理！

当你决定不再忍受不适与疲惫，但杂乱程度又太高，让你不愿着手处理，这时该怎么办？你不知道从哪个房间开始，更不要提哪个房间的哪个具体区域。下面是我的一些指导建议，可以帮助你开始行动。记住：你不需要在一天之内做完所有的事。你的目标是发生改变，而不是让你的房屋看上去像样板房的照片一样。

你需要耐用的黑色（而不是透明的）垃圾袋，还有三个箱子——一个是"保留"箱，一个是"回收"箱，还有一个是"捐赠"箱。注意：有人觉得可以再有一个"以后再决定"箱，但我非常不鼓励这样做。你的屋子之所以变得杂乱，正是由于你把决定拖后了太多次。现在就是作决定的时刻，如果对于个别物品你没法抉择，那就可以认为你不需要它（后面我们会具体讨论如何作这些决定）。我也不鼓励一边听着音乐或看着电视，一边进行清理，因为它们会让你分心，让你没法在工作时保持正念。

1. 从最容易清理的房间开始。清理工作可能很折磨人，很容易让人放弃，所以你需要在一开始就取得一些成功,这可以强化你开始行动的决心。

2. 决定你准备花多长时间清理这个房间。你可以给自己一个时间段,比如半个小时,或者设立一个目标,比如整理完房间右边的三堆衣服。要点在于,你要作出一个承诺,把一段计划好的时间花在一个区域或项目上,并且不要超过你的容忍限度。这将是你的行动计划,而且你应该在每个星期定期安排出清理房间的时间。

3. 鼓起勇气,开始行动。当你开始后,先扫视一下房间,看看有没有什么可以随手捡起来的东西,可以让你鼓起勇气并开始清理——那些东西应该是容易作决定的,比如垃圾、包装纸或是破损的物品。这会帮助清理工作走上正轨,而且也为你想保留的物品腾出空间。如果你发现任何垃圾信件,可以直接放进"回收"箱。

俄亥俄规则

俄亥俄规则是史密斯学院的兰迪·福斯特博士和同事开发出来的,其宗旨是物品只经手一次。如果你捡起了一样东西,就必须把它放到应该属于它的地方,不管是某个整理箱还是垃圾堆。不要把它放下,以后再决定。这个决定并不会因为拖延而变得容易。

□如果坏了，扔掉。

□如果发臭了，扔掉。

□如果被虫子、发霉或是动物粪便污染了，
扔掉。

□问问你自己，是否在未来某个具体时间
点能用上它。如果不是，扔掉。

□你是否在将来某个确定的时候，会把它
送给别人？如果不是，扔掉。

□有地方放它吗？如果没有，那么要么扔
掉，要么扔掉别的东西，给它腾地方。

4. 划分空间。一旦你完成了挑挑拣拣，你应该更清
楚接下来要做什么。假设你在卧室里，就需要清理衣柜，
丢掉不合身的衣服；清理化妆台；整理床头柜的抽屉；整
理书架和 DVD；丢掉不合脚的鞋子；把夏天的衣服存起
来，取出冬天的衣服；想好如何处理角落里那堆鬼知道是
什么玩意儿的东西。虽然仅仅是一个房间，但也有许多
事要做，如果同时考虑所有这些，可能会让人感到无能为
力。记住，你既可以在固定的一段时间内工作（设定一个
计时器，在这段时间内完成你能做的），也可以选定一个
区域，将它作为今天的目标。没有什么正确答案，做任何
你觉得有用而且可以应付的事，允许自己不用在一天之
内把所有事情做完。

5. 保持专注。在你整理选定的区域时,假设是床头柜,请记住在此时此刻,这个床头柜就是唯一重要的东西。一旦你捡起了一样东西,你必须处理掉它(而不是再把它放下,之后再决定)。如果你要保留它,就把它放在应该的位置;如果那个位置还没有清理出来,就放在"保留"箱中。要捐掉它?那就放进"捐赠"箱。可以回收?那就放进"回收"箱。如果它不属于这些箱子中的任何一个,那就应该扔掉。

有一件事应该避免——不要离开你正在工作的房间。如果你遇到一件东西,属于另外一个房间,那就把它放到门边;等计划的清理时间结束,再带走门边这堆东西。否则你很容易分心,偏离眼前的任务(你可能把一个玻璃杯带到厨房,结果发现你饿了;你可能把一堆袜子放到孩子的卧室,然后忍不住开始先整理她的房间)。

此外,还要注意不要陷入"搅拌"行为,仅仅把东西挪到另一个房间,以此来避免作决定,这并不会降低杂乱程度。物品要么被保留放好(这意味着它们需要一个位置),要么被捐出去,要么被回收,要么被扔掉。如果没地方放它,那很可能你并不需要它。

6. 当你完成了一项任务后还有更多的时间,你可以开始下一项任务,也可以把它留到下次安排好的整理时间。你最终会把所有任务处理完,最好循序渐进,不要操之过急。

7. 处理那三个箱子。把"回收"箱和"捐赠"箱(封好，这样你不会再反复犹豫)放到该放的地方，或是放到你的车里，之后开车送去回收站或是捐赠站；把垃圾丢掉(这里也不要反复犹豫——一旦某样东西被认为是垃圾应当扔掉，它就是垃圾)。如果"保留"箱里的东西所需的空间仍然没有被清理出来，可以先把它们留在里面，直到有空间。

三个最容易上当的清理陷阱

下面是你在清理生活环境时，容易出现的一些想法。就像所有的认知扭曲一样，它们会让你陷入一种无益的模式当中。

陷阱：我怕将来还有需要，会后悔扔掉它。

恐惧：后悔的感觉可能非常强烈，占据我的思维，让我没法行动。如果我花钱购买相同的东西，会感觉浪费。

换一种角度：如果你很长时间都没用到它，也不知道将来有哪个具体时间能用上它，那很可能你永远也不需要它。如果你确实需要，而价格确实成问题，那也可以通过借用或是购买二手货，来获得另外一件。

陷阱：我怕扔掉就再也找不回来了。

恐惧：作一个永久性影响我的决定，这种想法非常吓人，让我焦虑。

换一种角度：虽然你可能永远找不回这一件东西，但这造成负面影响的可能性也是很小的。此外，如果你确实需要它，那时可能可以找到更好的版本，而在这段时间里它也不会占用空间。

陷阱：我奶奶会希望我留着它。

恐惧：如果我丢掉了所爱之人赠予的东西，那我就没有尊重这份回忆，把我们的关系以及她的感受弃之不顾。

换一种角度：你爱你的奶奶，无论是保留还是丢弃一样东西，都不会改变这个事实。保留某样东西，占据你家里的空间，让你感到无能为力，与此相比还有更好的纪念奶奶的方式。想出另外一种纪念方式，放弃这件物品。

8. 承认你已经取得的进展，赞赏你自己。不要盯着你还没完成的工作,当然,还有很多工作要处理,但你最终会完成它们的。并不需要做到完美无缺,这个时候应该为了完成困难的事情而奖励一下自己,而非为了没完成的事感到沮丧。清理一个空间,学习新的习惯,这需要花费时间。如果已经清理完了一个区域,你做得很棒,你已经迈出了第一步!

9. 奖励你自己。也许你可以给自己一些时间,阅读一本书,看一部电影,或是与一个朋友一起喝咖啡。你已经完成了一件逃避了好几个月甚至几年的事,所以应该用美好的感觉来收尾。可以看看"罗宾博士的'爱生活'列表",里面给出了许多愉快的但不会增加杂乱程度的活动。

尊重你大脑的工作方式

丢掉不需要和用不上的东西,这只是与杂乱作战的一部分。另一个重要的部分是,使用一种可以坚持的方法,来组织你的生活空间(第三个部分是保持你的新习惯,这一点会在第九章涉及)。个人组织者多萝西·布雷宁格非常坚定地相信,应该与你大脑的工作风格保持一致,而不是违反它。

每个人都会用不同的方式思考事物：一些人的思维比较线性、讲逻辑，在头脑中整理整个世界，另一些则比较有创造力；一些人依赖于视觉符号来记住东西，另一些则更倾向于语言，对于书写文字的反应更好。

无组织的思维和分类方面的困难，这是强迫性囤积症患者经常会面对的问题。尽管我们大多数人在自己的房屋中，都能看到不同类别的杂物——一堆待洗的衣物、一叠等待整理的信件，可能还有一些需要整理存放到剪贴簿里的照片，而一些人的思维则缺乏组织，没法把这些东西分入这三个类别。在这样的人眼中，所有这些东西可能都属于"需要处理的东西"，所以最后就把它们堆成一大堆。

许多年前，我曾经治疗过一名有杂乱问题的女性。我们用一种对她来说有意义的方法，一起整理了她厨房的橱柜。对她来说，相比于把所有罐装食物一起放到架子上，另外一些分类方式更符合她的习惯。例如，在一个架子上，她会把甜品放到一起——一盒盒的蛋糕粉、水果罐头、糖和面粉，还有罐装的自制饼干。她还会把做汤的配料（豆子、鸡精等）放到一起，虽然豆子还可以用作其他用途，她经常做汤，所以对她来说这是豆子最常见的用途。这种组织方式是对她来说是最有效的策略。

这里的要点是，应该有一套对你来说有意义的组织系统,它可以帮你实现降低杂乱程度的目标,并且让你的东西放在可预测的地方,在需要的时候可以找到。其他人可能不觉得它有意义,但对你来说是有效的,这就够了。用一种"正确"的方式来组织物品,这种想法会带来挫败感和无力感,是一种陷阱,对于完美主义者来说尤其如此。多萝西指出,一些人需要看到他们的东西,才能知道它们在哪。"有些人可以把 40 份文件存放起来,然后在日历上找到需要处理它们的那一天,贴一个便笺,上面写着'税务文件在左手边的抽屉里,14 号处理它们'。"多萝西说道。但是,对于一个需要看到物品才能记起它们的人来说,把东西存放在紧闭的抽屉里,可能会带来令人沮丧的体验。他不仅会忘了东西放在那里,甚至会忘了自己拥有它们,这个系统会给他带来持续的压力和干扰,甚至可能带来失败感。多萝西的建议是,采取那些对你来说最自然的做法——只要有一个系统存在,它能帮助你实现知道东西在哪里的目标,那就可以减少你情绪上的杂乱。对于需要看到东西的人来说,另一个解决办法是使用一套架子系统。如果你的衣物散落在房间里,那说明你的系统可能与你大脑工作的方式不一致——你需要看到你的衣服,才能知道有哪些选择,所以你不喜欢把它们放到抽屉里。关键在于找到一种基于视觉的系统,这样你可以保持有组织,同时还能看到你的物品。

关于桶、分隔和其他的组织策略，有一点需要注意：各种看上去能够解决你所有问题的组织工具，有时可能反而会增加你的杂乱问题，而不是减轻它。我的一个患者赛琳娜（Selina），她有一个 6 岁的儿子，已经表现出了囤积的早期倾向。她有焦虑的家族史，尽管自己没有囤积问题，但她儿子却能从许多别人认为是垃圾的东西中看到价值和美，所以在丢弃东西方面有巨大的困难。如果他看到一个黄色的塑料珠子从项链上掉到人行道的缝隙里，会坚持把它带回家，即使它已经脏了或者破损了。他会把珠子放在衣柜里，旁边有一块他喜欢的泡沫塑料、一对从幼儿园里剪下来的蝴蝶翅膀、一根鸟的羽毛，还有一个从生日礼物袋上拆下来的破损的塑料盖子。如果赛琳娜劝告儿子不要把这些东西带回家，回应她的将是极度的焦虑还有眼泪，所以她放弃了。

赛琳娜与儿子一起清理房间的时候，会与他讨论每一件东西；但是对他来说，放弃每样东西都很困难，会让他怒气冲冲。因此，赛琳娜买回来了几套不同大小的塑料抽屉，来帮助儿子组织物品，降低他房间的杂乱程度。问题是，他的房间已经有好几个架子了，上面有各种储物桶、分隔器和塑料抽屉，里面装着他的其他宝贝。赛琳娜越努力让他的房间变得有组织，实际上就给他创造出了越多的空间，让他可以带回来更多东西。这是一个悖论：

如果她不整理,儿子的杂乱很快就会压倒他们;但是如果她整理了,多出来的空间反而让他能够带回来更多东西,并且让他不能直面和探索自己被迫清理房间背后的原因。

你是哪种类型的组织者?

每个人都以一套不同的方法,来组织他们的东西。你怎样才能知道哪种系统最适合你?下面是个人组织者多萝西·布雷宁格给出的策略,它们可以帮你确定自己是哪种类型的组织者。

找到你放废旧杂物的抽屉。大多数人都有一个——可能是厨房里那个放着电池和外国硬币的抽屉,也可能是你的床头柜,或是书桌上的一个抽屉。

把它拉出来,所有的内容倒到地上。

不要仔细考虑应该如何整理它。相反,允许自己用一种对你来说有意义的方式,进行整理。

留意你如何整理物品的。你是不是把感冒药、阿司匹林和化妆品放到了一起;把餐巾和

203

塑料叉子放到了一起；把纸夹和荧光笔放到了一起？这样的话，你就是那种按照物品相似性进行组织的人。或者你会把纸夹、阿司匹林和大头钉这样的小东西放到一堆，把剪刀、订书器之类的大东西放到另一堆，因为按照大小来组织物品对你来说最合理；或者你可能会按照形状、颜色或使用频率来组织。这都很好，只要它们对你来说有意义，你知道在哪能找到东西就行。

知道你是哪一种组织者，这会帮助你建立适合你的系统。例如，你需要看到东西才能知道自己拥有它们，那么架子（而不是抽屉）以及透明的塑料桶将是你的好伙伴。你可以把文件堆叠到水平放置的收纳箱里，或是使用有刻度的文件台，而不是封闭的抽屉系统。如果你更多是颜色取向的人，那么可以把孩子的玩具按照颜色收好（例如，把红色的卡车、积木和球放到一起），这对你来说是有意义的。你可能还会想要根据衣物的明亮程度把它们悬挂起来，而不是使用"裙子"或"上衣"这样的分类。

最大的组织错误

个人组织者多萝西·布雷宁格表示，下面这些问题是许多人经常陷入的误区。

过度组织。雄心勃勃地想要完美地组织物品，于是划分出了太多层次（例如，有一个财务文件夹，里面按照各种投资账户的类别进行细分，下面再按年份进一步细分），这会带来不良的后果，因为它很难维持下去。记住：保持简单。

欺骗你自己。如果你是那种把衣服盖在椅子上的人，那么详细的组织系统，比如在衣柜为不同季节的衣服划出区域，使用节省空间的挂钩，就可能很难维持下去。更好的办法是在柜子里放上10个挂钩，把东西挂在上面——这样你的衣物都离开了地板和椅子，而且这种系统可以维持下去。

期待你的系统自己运转。你可能建立了一个很棒的系统，但没有维护它，那么它就不会帮上你什么忙。假设你的书桌上有一些文件夹，里面有未开封或未支付的账单、需要剪下来的优惠券以及商务收据。那么适合你的系统是，一旦你支付了账单，就把属于商务开支的账单放到商务收据里；每周剪下来一些优惠券，放到钱包里。如果你只是把它们留在文件夹里，每周不不整理检查，那么它们可能看上去更干净了，但你仍然找不到需要的东西，而这正是你为什么要花费精力建立一套系统的原因之一。

幸运的是，对于那些有囤积问题或倾向的孩子（以及成人）来说，在囤积的习惯根深蒂固之前，我们可以教会他们用别的方式来管理焦虑。在赛琳娜的例子中，告诉她的儿子为什么不能把某样东西带回家（那颗珠子很脏而且已经被损坏了），传达出不赞成的态度，于是他会学会什么是有价值的、有用的，什么不是。但仅仅向孩子作出解释并非总是有用的，因为他们还太小，难以理解并运用逻辑。对待幼小的孩子时，你可以把整理变成一场游戏（比如，看看我们能以多快的速度挑出哪些记号笔还能用），或者根据他们的年龄给他们制订整理挑战。让整理充满乐趣可以提高他们参与的积极性，并减轻他们的焦虑感。

有囤积倾向的儿童面临着将来成为强迫性囤积症患者的危险，但他们也可以学会处理自己的积累物品，参与治疗自己。原则是相同的，必须温和地鼓励孩子反思那些扭曲思维,并学会拒绝这样的行为,因为正是这些扭曲思维导致他们保留自己不需要或用不上的东西。我发现对于孩子们来说,贴纸会有所帮助——每次他抵御住了诱惑,没有把不需要的东西拿回家,他就可以得到一张贴纸。如果他没抵御住诱惑,那就必须丢掉已有的另外一些东西。习惯在儿童时代的早期就已经根深蒂固,但他们可以学会养成新的习惯,防止强迫性囤积症问题延续到成年时期。

如果你就是没法决定如何处理一样东西

我在治疗强迫性囤积症患者时,会鼓励他们仔细检阅他们的物品,并追问自己为什么需要某样特定的东西。但如果你的杂物数量太多,那么对任何一样东西犹豫不决,都会增加你的挫败感,并增加清理工作的时间。

多萝西和我建立了一个问题列表,帮助你评估每样东西的相对重要性,这样你就可以更快地作出决策,继续前行。按照下面的顺序,问自己这些问题,并用"是"或"否"来回答,回答的时候尽量诚实(不要反复斟酌你的答案)。我给出的例子是基于整理衣物的情况,不过你可以把这些问题应用到任何种类的东西上。

1. 它是否还能用?假设你正在决定要不要留下一件

喜欢的毛衣，它已经被蛀虫咬坏，能看到好几处破洞。除非你以前就有把东西送去修理然后再使用的习惯，否则你不太可能再穿它了。我们很多人都会有修补的想法，但很少人会真的施行。如果你不是那种把衣服送给裁缝重新修补的人，你也不太可能突然变成这种人。问问你自己：它还能不能用？如果答案是否定的，那就丢掉它。如果答案是肯定的，继续问题2。

2. 你喜欢它吗？考虑一下，你拥有这件毛衣，它非常漂亮，但并不是你最喜欢的那一件。早上穿衣打扮的时候，你有多大可能去穿一件你不喜欢的毛衣？你只有一个身体，却有许多穿衣的选择。问问你自己：我有多大的可能性使用一样我并不喜欢的东西？如果答案是不太可能，那么就丢掉它。如果答案是有可能，继续问题3。

3. 它是一件必备的东西，还是可选择的？对于"你不喜欢的"东西有一个特例，那就是它是必备的（比如一件普通的黑色羊毛衫，你可能并不喜欢，但会经常穿，如果丢掉的话需要找一件替代品）。类似的，可能有一些东西你很少使用，但你确实需要它们，而且很高兴能拥有它们，比如一个龙虾笼或一个体操垫。问问你自己：它是不是必备的，或者如果丢掉它，当我需要的时候我是否必须买另一件，而且我确实知道将来某个时间点会用上它？如果答案是"是"，那就留下它。如果不是，继续问题4。

4. 有没有一段有价值的往事,附着在这件东西上?假设你在第一次认识丈夫的那个晚上,穿的就是这件毛衣,他把葡萄酒洒在了你身上,然后非常笨拙但又非常可爱地想要帮你擦干净,你就因此爱上了他。如果有这样的故事,那么即使是一件你不再穿的毛衣也值得保留。但如果这件毛衣是你的小姨子在三年前的圣诞节送给你的,并且这并不会让你想要穿上它,那这就不是一个有价值的故事。问问你自己:它是否有一段有价值的故事? 如果答案是"否",那就丢掉它。如果答案是"是",继续问题5。

5. 这段故事是否让你感觉很好? 如果每次看到这件毛衣,你都会想起对丈夫的爱,它让你微笑,那这就是保留它的很好理由。如果你和丈夫已经分开了,看到它让你感到不开心,那么即使它背后有一段美好的故事,也不值得保留。问问你自己:这段故事是不是让我感觉很好?如果不是,丢掉它。如果是,继续问题6。

6. 这件东西与你的生活有关吗? 除了这件毛衣之外,是不是还有好几样你更加喜欢的东西,比如他在最近度假时微笑的照片,或是书桌上他为你做的木雕,也能提醒你对于丈夫的爱? 如果是的话,那么一件你不再穿的旧毛衣就可以丢掉,因为你有更好的东西来实现相同的目的。问问你自己:它是不是仍然与我今天的生活有关?如果不是,可以丢掉。如果是,那你可以留着它。

"保留"物品，但不留着它们

在强迫性囤积症的治疗中，患者有时想要在丢掉物品前给它拍照，这样虽然在物理上放弃了它，却依然可以"保留"它。我通常不会鼓励这种行为，即使一样东西的照片要比它本身占据更少的空间，我还是鼓励他们彻底丢弃它，不要留下照片，以此作为暴露疗法的一部分——让他们经历放弃物品时的焦虑，这对于学会真正放手是很重要的。

但是，在非囤积者的例子中，通过拍照片的方法来"保留"对你来说重要的东西，这就没有什么问题，只要它不带来杂乱问题。多萝西记得她曾帮助过一位女性，这位女性在起居室里有一架钢琴。钢琴很大，也很旧，她家里从没有人弹过它，但她告诉多萝西说，她不愿意丢掉它，因为这是她母亲留下的，而她母亲一直希望她学会弹钢琴。她感到如果丢掉了这架钢琴，就会让母亲失望，虽然母亲已经去世了。多萝西建议说，他们可以拍一张全家人坐在钢琴边的照片，把它放在精美的相框里，挂在起居室，用这样的方式来纪念她的母亲和对她来说重要的东西。这位女性觉得这是个好主意，最终把钢琴捐给了当地的一家音乐学校，在那里它能够真正地派上用场。

其他"保留"物品但不留着它们的方法包括：用旧衣服做一条被子；把一样东西用于另一种用途（比如一个漂亮的餐盘，你不想用它来吃东西，可以挂在墙上）；把一样珍贵的物品放到陈列柜里；与其保留孩子画的每一幅画，倒不如把其中一副画用相框装起来，并且每年换一张新的。

接下来呢？

在第八章里你将会了解到，如何将学会的这些原则应用到不同种类的生活空间中。有的人家里有一些特定的房间要比其他房间更乱，或是有某些特别的领域——衣服或是财务文件，更难以整理。通过阅读第八章，你会在许多例子中看到自己的影子，在这个过程中，重要的是吸收那些最有用的东西，不必管其余的。也就是说，不是每一条建议或规则都对你适用，或是都对你有帮助。并不存在一种整理组织物品的方式，对于所有人来说都适用；只要遵循那些你感觉正确的东西，你的生活环境和心智就会很快变得井井有条。

8

一个房间一个房间地整理

我们每个人都有自己独特的杂乱问题，但在保持房间整洁有序方面，有些问题是所有人共同面对的。因为大多数人的家里都会有一个或更多的"问题区域"，这一章的写作是按照房屋中的地点来组织的，这样你就可以很快找到与你最相关的建议。不过请记住，即使你在下面列出的某个区域没有杂乱问题，阅读每一部分的建议依然是有好处的，这可以让你更好地了解对你来说有效的组织系统。

玄关、门厅与寄存室

这是常见的杂乱区域，因为它是你一回家最先进入的地方——进门后你就在这里脱掉外套，放下东西。每个人家里都有不同的"空投区"（有时是厨房的台面），但门厅通常会放着各种各样的东西，比如雨鞋、宠物粮食、邮件、不知道开哪把锁的钥匙、衣服、手袋、购物袋，还有其他各种等着进入或离开房屋的东西。

虽然门厅通常不大，但它们很有可能增加你的情绪杂乱，因为有许多我们每天需要的东西就丢在这里。而且，因为每天的生活中我们都要穿过这里好几次，所以保持它整洁有序是很重要的。完美主义和拖延通常会影响到门厅的有序，因为我们会想着"我只是把它暂存在这里"，以此来拖延为某样东西寻找放置的地方。

重新思考一下如何处理这个你家里的重要区域，这可以很大程度地减少你每天的压力水平。个人组织者多萝西·布雷宁格建议，不要把这里只看作是每天经过和丢下东西的地方，而是把它视为家庭的"消息中心"，在这里家庭成员可以了解彼此的情况，并且很容易获得一天所需的东西。

下面是一些组织你的门厅、减少杂乱的方法。

● 安装钩子。考虑一下用钩子把你的钥匙挂起来，这样每次你进入和离开的时候，它们都在相同的位置。悬挂其他日常用品（比如狗链、重复使用的购物袋、太阳镜、外衣）的钩子也很有用。

● 建立一个家庭信息中心。多萝西建议放置一个便宜的纸质档案柜，为每个家庭成员分配一个空间。任何进入房屋的邮件、传单，任何你想要你丈夫看一看的照片，任何你想要给孩子的东西，都可以放到他们的个人空间里。

● 在家庭消息中心旁边放一个小的、漂亮的垃圾桶。它的意义在于提醒大家，垃圾不要带进屋里。从门下塞进来的传单、大衣口袋里装着的收据、垃圾邮件，还有其他不需要而且会造成杂乱的东西，都可以直接扔进这个垃圾桶。

战胜杂乱的五种方法

下面是个人组织者多萝西·布雷宁格给出的限制东西堆积的五种最佳方法。

设置数量上限。保留几份你会用到的东西（比如超市购物袋或是从每天的报纸上拆下来的橡皮筋)，这没有什么问题。但你不需要无穷无尽的物品供应，这会让你的抽屉和柜子变得杂乱。对于保存物品的数量，可以设置一个上限(15 是一个很好的上限)，超过这个数量上限的东西都应该扔掉或者回收。

设置高度上限。例如，你把书和杂志堆放在咖啡桌上，可以设置一个高度上限，比如 5 英寸。任何超过这个高度的东西都应该放到书架上，或是回收。

设置时间上限。如果你周四还没有阅读周一的报纸，你可能就不会读它了，它应该被回收。对于报纸和杂志存放多久，也可以设置一个上限。如果某个出版物有某一期你特别想保留，可以把它归档，或者放到书架上。

用桶的大小来设置上限。在储存有特殊意义的但最终会被扔掉的东西时(比如孩子的画)，这是一个好办法。把这些东西放在一个小桶里，一旦它填满了，你必须检阅一遍里面的东西，只留下一两样最喜欢的，剩下的都扔掉。这给了你一个有时间上限的指导方针，允许你保留想要保留的东西，而不会造成杂乱。

在日历上定下整理的日期。保证每周至少整理每个房间一次，处理任何现在没法处理的杂物，并保证你所有的组织系统都能正常发挥作用。如果你没设置时间，杂乱就可能会保持下去。不过不要尝试一天就把房屋整理干净。你会感到无法驾驭，不容易完成任务。

厨房

厨房的混乱可能很令人沮丧。这是一个功能房间——你需要橱柜里的空间，还有台面上的空间，来储藏和准备食物。同时它也是传统中家人和客人聚集的地方，一个杂乱的厨房让你没法充分利用它、享受这个社交场所。即使你的家人不经常在厨房里碰面，能够在一个干净整洁的地方准备食物，这也会令做饭和吃饭变得更加享受。如果厨房的杂乱涉及食物（包括没法扔掉过期的食物），那么处理它就非常重要，因为发霉或变质的食物会危及你和家人的健康。

下面是一些策略，帮助你组织你的厨房，减少杂乱程度。

● 仔细地整理冰箱和橱柜的内容，然后制作一份每周购买食品的清单。当你购物时，不要买清单之外的东西。清楚地知道你需要哪些东西来准备一周的食物，只购买这些东西，这会显著地降低你厨房的杂乱。

- 用你招待客人的方式来招待自己和家人。如果你不会给客人吃某些东西，你也不应该给自己和家人吃。

- 重新考虑一下关于浪费的概念。扔掉没吃过的食物或是不用的食物容器，这可能会让你感觉浪费，但如果你没有存放它们的空间，那让它们占据空间也是一种浪费。此外，它们待在厨房里会一直提醒着你，让你感觉买它们是个错误。

- 如果对于某种食物，你有更新鲜的，那就把旧的那一份丢掉，即使它在理论上"仍然很好"。例如，你有一盒吃了一半的通心粉已经在食品柜里放了 2 年了，而你刚刚从超市买回来一盒新的，而且是你最喜欢的牌子，那就把旧的那半盒扔掉吧。你有了新的，很可能你就不会再吃旧的了。如果旧的还没有过期，或还没有开封，你也可以把它们捐出去。

- 将台面作为工作空间，而非储藏空间。如果有些东西不适合放进你的食品柜、橱柜或是冰箱，那就不应该买它。即使你的厨房很小，储藏空间很少，你仍然可以通过购买不超过这些空间承受能力的东西，来避免杂乱。这可能需要你经常去食品店，但拥有一个更清洁、整齐的厨房，这些额外的工作是值得的。

● 用一种对你来说有意义的方式去组织你的食品柜，并且记住，它不需要非常完美。你的目标是能够看到有哪些东西，并保证能够很容易地获得需要的东西。把大米、麦片和通心粉这样的食物存放在透明的容器里，这可以帮助那些视觉取向的人。对于锅碗瓢盆和厨具来说也是如此，可以把很少用到的厨具与每天使用的刀具分开，存放在单独的抽屉里，这样你就不需要把它们都过一遍，才能找到需要的东西。就罐子和盘子来说，对视觉取向的人而言，悬挂架是很好的储存方式，而且它可以为那些不常用的东西节省空间。

● 考虑食物的质量和安全性。在冷柜里存放的食物，如果温度正确，那即使上面有冻斑，也可以安全食用；但冷冻的时间越长，质量和口味就越差。在清理冷柜时，请现实地考虑一下，你到底有多大可能性会吃变色和结晶的食物，即使从技术上讲吃它是安全的。如果你有一些冷冻的猪排，而最近又买了一些新的，那很可能你就不会再吃旧的了。即使你犯错误买了太多，导致有些已经变质，或者出现了冻斑，你也应该吃更好的食物。为了处理杂乱问题，你应该考虑一下自己想要过什么样的生活，以及食物在安全可靠之外是不是也很好吃。

食物可以在冰箱里存放多久？

清理冰箱的杂乱,这项工作很容易半途而废,你打开冰箱门,看到里面的东西,然后就想赶快关上。下面这个表可以帮助你决定哪些保留,哪些扔掉。

冰箱食物的存储时限

碎肉、家禽与炖肉

碎牛肉、火鸡、小牛肉、羊肉、猪肉	1~2 天
炖肉	1~2 天
鲜肉、肉排、排骨或烤肉	3~5 天
其他肉类(内脏)	1~2 天

新鲜的家禽

鸡或火鸡,整只	1~2 天
鸡或火鸡,部分	1~2 天

培根和香肠

培根	7 天
香肠,未加工的,来自肉类或家禽	1~2 天
熏制的早餐肠和馅饼	7 天

标记着"保持冷藏"的熏香肠

未开封	3 个月

		开封过	3 个星期
硬香肠(比如意大利辣香肠)			2～3 个星期

火腿和腌牛肉

罐装火腿,标记着"保持冷藏"

	未开封	6～9 个月
	已开封	3～5 天
火腿,完全煮熟,整只		7 天
火腿,完全煮熟,半只		3～5 天
火腿,完全煮熟,切片		3～4 天
袋装腌牛肉,带卤汁		5～7 天

热狗和午餐肉

热狗	未开包	2 个星期
	已开包	1 个星期
午餐肉	未开包	2 个星期
	已开包	3～5 天

熟食和真空包装的产品

商店预制的(或自制的)鸡蛋、鸡肉、金枪鱼、火腿和通心粉沙拉 ⋯⋯ 3～5 天

预制的猪肉、羊排和鸡胸 ⋯⋯ 1 天

商店烹饪的晚餐和主菜 ⋯⋯ 3～4 天

商业品牌的真空包装晚餐,有美国农业部标志,未开封 ⋯⋯ 2 个星期

煮熟的肉类、家禽和鱼杂

肉块和煮熟的砂锅	3～4 天
肉汁和肉汤、肉饼、鸡块	3～4 天
汤和炖肉	3～4 天

鲜鱼和海鲜

鲜鱼和海鲜	1～2 天

蛋类

鲜鸡蛋,带壳	3～5 个星期
鲜蛋黄,白色的	2～4 天
煮鸡蛋	1 个星期
经过巴氏消毒的液态鸡蛋	
未开封	10 天
已开封	3 天
煮熟的鸡蛋类菜肴	3～4 天

来源:美国农业部的冷藏和食品安全资料

起居室或家庭活动室

很少有谁的起居室或家庭活动室,会像家具手册上那样,而这是有原因的:照片里的那些房间并不真实,没有人住在里面。有一个花瓶或一本相册,艺术地放在你的咖啡桌上,这是很好的主意,不过我们大多数家里的咖啡桌上都摆满着杂志、遥控器、托盘和各种其他的零碎东西。起居室是家庭聚集的场所,想保持它的整洁有序,这是一种持续的挑战。如果你的起居室也是家庭活动室,那么你很可能会在沙发底下找到玩具、游戏、读物,或是塞满了学校用品的背包。

在一些家庭里,起居室是一个正式的场所,其装修要比其他房间更加精致。如果你的起居室比其他房间用得少,那么每天的杂物不会成为问题,但这个房间可能会变成一个"博物馆",里面是各种工艺品、小玩意,你不知道如何处理它们。如果这类东西太多,当然也会造成杂乱。许多时候,起居室装着祖母留下来的玻璃花瓶,或是曾祖母留下的古董座钟。换句话说,那些不是你自己选择的东西。这些传家宝可能已经传承了好几代人,但它们会给台面、地面和其他区域造成许多杂乱。请记住,一个物品很古老,或是来自于某个家庭成员,这并不会让它真正变得有价值,也不会对你有意义。

不管你如何使用你的起居室或家庭活动室,重要的是让人们在里面感到舒适,而且房间中摆放的物品都是用来实现房间功能的。任何看上去令人不快的或是不能发挥作用的东西,都应该被挪走。下面是一些清理起居室和家庭活动室的建议。

● 问问你自己：起居室里的东西看上去是不是令人愉快，或者你展示物品的方式能不能取悦你的客人？壁炉架上的那个陶瓷塑像是否让你感到高兴，还是你并不喜欢它，不过丢弃它的想法会让你感到内疚？我们的起居室应该是很有吸引力的娱乐空间，但最重要的一点是，它应该对你有吸引力，而且能够发挥作用。

● 重新考虑"价值"的含义。你可能有一幅昂贵的绘画，与你房屋的装修风格不一致。如果卖掉的话，它确实能值很多钱。但你对此并不在乎，也不准备卖掉它。因此，在实际上，它到底有多少价值？它用不上，也不会被卖掉，所以大概没多少价值。它甚至可能让你不舒服，好像你"应该"喜欢它，仅仅因为它很贵。我会鼓励你考虑这样东西对于你个人的价值——你是不是喜欢它，它能不能为你的起居室增光添彩？如果不是，那么就考虑卖掉它，或者送给能够欣赏它的家人朋友。

● 立刻处理准备扔掉的东西，把它放进汽车后备箱，或是打电话给你准备赠予的朋友，让她尽快来取。如果只把它放在那里，就可能重新被吸收到房间里，再一次成为杂物的一部分。此外，它待得越久，你就越有可能反悔丢弃或捐赠的决定。

如果这就是你的家庭花费大部分时间在一起的地

方,那就让每个家庭成员都遵守类似这样的规矩:你带进来的任何东西,你都要带走。一种合理的做法是,把家庭活动室或起居室设计成只摆放共享的物品——比如电视机、相册和其他整个家庭可以使用的东西。个人的物品,比如滑板或书籍,在没有使用的时候应该放回到拥有者的卧室。食物、餐具和其他厨房物品用完后必须立即送回去。

家庭办公室或工作室

纸张,纸张,还是纸张!一些人的办公室看上去好像储藏了整个国家的档案。我曾经治疗过一个叫达茜(Darcy)的女性,她是一名医生。她的屋子其他部分都不算杂乱,但她的办公室就是一个纸张的海洋——一叠又一叠的文件、活页夹和纸板文件箱占据了房间的每一寸空间。她的书桌也被纸张铺满,尽管有文件夹,但并没有明显可见的组织系统。

问题开始于 10 年前,那时她正在写作学位论文,大部分研究材料都是影印的文档、文章和论文。她现在保存着写过的每一篇文章的每一版草稿,还有许多个版本的学位论文。"我感觉我还用得上它们,总有一天会用这些草稿做点儿什么。"她告诉我说。

达茜在考虑丢弃她的笔记和研究材料的时候，会感到不适和焦虑。她担心，如果突然被要求为她的论点提供数据，没有这些材料她就没法做到——即使她的论文已经出版多年，并且期间也没有人要求过她这样做。她也会考虑，将来有可能会用她的研究写一篇文章出来，而且这些文档都是当初花了大力气才找到的，不想承担失去它们的风险。

杂乱给她带来了压力，因为她很难找到需要的东西。达茜虽然在房屋和生活的大多数领域都是井井有条的，却没法让她的办公室走上正轨。这项任务如此令人生畏，让她不知道从哪里开始，"有太多的东西需要整理。我拥有的东西越多，就越难建立一个系统。"她说。当然，随着时间流逝，产生出更多的文件，问题也就愈发严重，既增加了杂乱的程度，也增加了达茜的挫败感。

达茜的办公室代表了我治疗过的许多人的情况。每天走进这样混乱的空间，会榨干你的精力和意志，让你没法战胜杂乱。你的办公空间应该是一个让你感到积极而有效率的空间。但当你走进一个杂乱的办公室，很可能工作会让你感到恐惧。

我相信，混乱的办公室很大程度上是由于这样一个事实：我们大多数人不知道什么东西应该丢掉，什么东西应该保留。这一点，与围绕着房中物品产生的那些认知扭曲一起，导致办公室成为一个主要的杂乱场所。

达茜最大的困难是，她觉得清理任务的规模和复杂程度太高，让她无法驾驭，而且也没有足够的时间来完成它。她也会为了丢弃将来可能用得上的文件而感到焦虑，这种感觉非常常见，而且经常会让人变得无能为力。但如果你花时间清理办公室，你会发现自己的工作可以变得更有效率，而且也更加令人愉悦。

下面是一些清理办公室的建议：

● 安排一个工作日来整理和清洁你的办公室。达茜房屋的其他部分都井井有条，因为她决定了哪些物品应丢掉，哪些应留下，以及它们被带回来后应该被放到哪里。但是，她在办公室的时间则是安排好的工作时间，她觉得自己在这间房间里必须专注于"工作"，她没有空余的时间来进行整理，或者把东西恰当地放置。让你的工作空间变得尽可能有条理，如果你将此视为工作的一部分，它从长远来看会节省你的时间和精力，并使你变成更有效率的工作者。

● 关注于"更长远的好处"。我们很少有人会享受清理办公室这样的大工程，因为看上去每件事都比清理更重要。这时你就需要记住更长远的目标，在这里需要更少的压力和更加宁静有序的工作环境。达茜的三项"更长远的好处"分别是：想要让每间房都变得有组织；想要自我感觉更好；想要一个更愉快的地方来工作。问问你自己，如果让你的办公室变得井然有序，会带来怎样的"更长远的好处"。

- 将自我挫败的想法转变成成就感。在我们整理文件的时候，达茜会作出这样的评论："我讨厌做这个"，以及"我不相信自己居然让它变得如此糟糕"。她认为现在做的事情很困难，我支持这种感受，而且能够理解她很讨厌干这个。但我也会鼓励她考虑一下，关于办公室的负面评价，只会让她对自己感觉更糟。相反，我们关注于她所取得的进步，以及她为了避免杂物再次积累所做的那些事情。

- 承认你实际上可能会丢掉一些需要的东西。有时在作大清理的时候，你会不小心丢掉一份本来想保留的文档，但这并不会像你预期的那样悲剧。你能够应对这种状况，想出解决问题的办法（找一份替代的文档，或者在没有它的情况下继续工作）。认识到即使丢了一张纸，你也可以应对你的感受，这实际上会帮助你，让你在未来丢弃杂物时感到更少的焦虑。

- 在建立系统之前先挑挑拣拣。与其先去外面买回来储物桶、文件柜和储存抽屉，然后再处理这个房间，不如先花一些时间挑挑拣拣。我的意思是，进到要整理的房间里，先收集那些可以立刻丢掉的东西。这包括垃圾、垃圾信件、破损的物品，还有那些你本想送出去但一直没送的东西。通过这样做，你可以为想保留的物品创造空间，同时让你的空间更加整齐有序。如果东西太多，很难判断你需要哪种系统，那就保证你能够丢掉足够多的东西，这样你就可以评估哪种系统对你最有意义。达茜的第一个念头是，没有东西可以被扔掉，但是一旦她开始了挑挑拣拣的过程，就发现有许多东西她并不真的需要。这种成功会增加她的自信。

● 让你的系统保持简单。许多强迫性囤积症患者对于他们的组织系统有如此乐观和细致的构想，以致他们会因为无法行动而感到无力。你可以创建一种简单的、色彩鲜明的文件系统（例如，红色文件夹代表访谈，蓝色文件夹代表论文草稿，绿色文件夹代表财务文件），或者可以按字母顺序、年代顺序或是类别来组织你的文件，任何能让你记住东西的方法都是好方法。

● 拷问你的思维扭曲。达茜保留着所有论文的每一版草稿，她说不想丢掉将来可能需要的东西，但实际上她对于这些论文也有一种深深的情感联结，因为它们代表了她多年的努力工作。扔掉它们，感觉就好像扔掉了这么长时间的工作和研究，以及她因为它们而得到的认可。我们讨论了这种想法，在拷问它时，达茜意识到了自己保留文件的决定是基于一种不准确的信念。丢掉那些她再也用不上的文章，并不会贬低她多年来的努力。最后，她决定只保留这些论文的最终版本。

● 开始扫描。如果你没有扫描仪，考虑借一个回来，把你所有的文件数字化。如果你没时间自己做，这项工作也非常适合找一个精通现代科技的助手帮忙。你可以把所有的东西存到磁盘上，并在一个移动硬盘里进行备份，这样你需要的任何东西，都有了双保险。数字化的组织方式也可以很简单，根据日期、根据项目，或是任何对你有效的办法分类。接下来你就可以扔掉这些纸张，因为需要的时候你总可以再打印出来，你很少会需要原始的文档。

● 开始碎纸。多萝西说，与账单一起寄来的垃圾邮件是杂乱的主要来源，而且它们很可能是一点用都没有的，所以你应该直接把它们送进碎纸机。对于你不需要的财务文件来说，也应该粉碎掉。许多报表和税务文件都包含着账号和其他个人信息，它们对于身份信息窃取者来说是很有价值的。相比于送去回收，粉碎它们总是更好的做法。

● 一次处理办公室的一个区域，专注于手头的任务。当你整理书桌的时候，不要回应电子邮件或是阅读你找到的信件或期刊。记住，你只是来做整理的。

● 清理你的电子邮件收件箱。即使电子邮件并不占据物理空间，你的收件箱也可能成为一个令人沮丧的杂乱来源。研究发现，平均一个人会有 3 个邮件账号，每周平均有 200 封未读邮件。这个研究还发现，有 4500 万人自认为是电子邮件囤积者。现实情况就是，人们被所有进入收件箱的电子邮件所淹没，有用的信息可能被掩埋，很难知道哪些可以删除。如果你有多于一个的工作账户以及一个家用账户，首先考虑能否合并它们。

● 开始删除对话。在每个邮件账户里，按照发件人来排序邮件，然后开始删除。如果有些人与你的事务已经结束，你可以删掉整个会话，甚至是邮件提醒，这可以帮助你加快进展。对于那些你害怕丢失重要信息、不确定要不要删的邮件，建立一些"需要处理"的文件夹，在你的日历上标记出处理这些虚拟文件夹的时间。你可以一天处理两三个，直到它们都处理完毕。我推荐每周花 15 分钟的时间删除邮件，以防止清理工程堆积得太过庞大，让你想要逃避它。

● 保持向前，每周或每两周安排一个时间，整理你的文件和电子邮件。这是"更长远的好处"发挥作用的地方：把一个账单丢在桌上，或是把一封邮件留在收件箱里，这可能很容易，但是你决定到底怎么处理它们，又要花多少时间呢？此时此刻作出归档文件的决定，可以帮助你实现降低物理杂乱的长远目标，这会进一步减少你的情绪杂乱。

必需的文档

不确定哪些文档需要保留，以及保留多久？下面是个人组织者多萝西·布雷宁格给出的指导，它们可以帮助你更容易地决定哪些文档要保留，哪些可以安全地丢掉。

政府文件，比如出生或死亡证明、离婚和监护协议、退伍文件、收养记录、护照和社会安全卡：都保留，并考虑储存在保险柜里。

退休金计划信息，可能来自当前或是以前的雇主：永久保留。

学校成绩单、学位证书和成绩卡：只有在可能继续接受教育的情况下，才保留成绩单；永久保留学位证书，尽管你上过的任何学校都应该有你的毕业记录。童年时期的成绩卡一般被视为纪念物，没有什么实际的理由去保留它们。

健康记录：永久保留孩子的免疫记录以及任何医院记录。

房产材料：永久保留遗嘱和信托材料。复制一份，原件放进保险箱。

财产记录，比如抵押申请、契据、贷款协议

等：只要你拥有这些财产，就要保留这些凭证。

家居装修记录和主要的家电购买：保留所有的收据和开销证明，包括合同。

所有来自其他购买的收据：如果你不确定是否保留了物品，立刻把收据钉在物品上，这样就不会弄丢了。如果你需要收据来报税，把它们放在当年的税务文件夹里。如果设备还处于保修期内，就把收据和保修卡一起保存。其他情况下，可以丢掉。

保修卡、担保书和说明书：只要你还拥有那样东西，就留着它们。你可以扔掉那些已经学会使用的设备的说明书。

车辆或家庭财产保险：政策过期之后再保留 4 年，或者直到你得到一份新的。

银行报表和信用卡记录：只有当可能有税务方面的问题时才保留（例如，你需要已经兑现的支票来作为税务冲销证明）。保留定期存款证明，直到它们到期。如果一份银行报表里没有包括任何你报税时需要使用的信息，那就可以扔掉。

银行收据和存款单：整理好月度报表，然后扔掉。

投资和退休账户报表：这些报表中有许多都是累积性的，情况都会反映在最新的报表上。除非你想要追踪你账户的活动，否则没必要保留更多，特别是你还可以从投资公司获得记录。保留年度总结，虽然即使这些也有电子版。

工资单：放到一个文件夹里，以便年底对账。

支付的账单：一旦一个账单已经支付完，就要考虑扔掉。这项规则唯一的例外是，如果你需要账单作为慈善捐款的证据，或是有其他税务方面的用途（在这种情况下，把它保留在税务文件夹里），或者如果你用信用卡购买了一样保险期内的东西。

医疗检查结果：如果有不正常的情况，考虑保留这些。记住，你的医生也会留有记录。

卧　室

卧室是高度个人化的空间，我们在这里放松，恢复精力，照顾自己。但是如果我们的生活太过忙碌，就很容易陷入窘境——我们把脱下的衣服随手丢到地板上，或者把毛巾挂在椅背上或门后。清理壁橱和衣柜，这样的念头可能让人无法承受。更简单的做法是关上柜门或抽屉，不去管它们。

清理卧室可以为你带来平和的心态，而且可以为你创造一个避难所，在每天结束的时候放松自己。情绪上的杂乱也可以随着物理上的杂乱一起被清除，这可以让你精神振作，并对你的生活和环境产生强烈的控制感。

下面是一些减少卧室杂乱的建议：

● 设置一块用于清理的场所。可以是床，也可以是地板，这块区域只能用来在清理时临时放置东西。如果把任何东西都存放在这里，结果就会让你感到沮丧，并制造出更多的杂乱。

● 准备四个桶或袋子：捐赠、送洗、扔掉、放置。

● 首先从地板开始整理。每样东西都应放到上述四个桶或袋子中的一个，接下来是扔在椅子或地板上的衣物，之后开始清理挂在壁橱里的东西。你可能需要一次只处理一个区域，以防止任务变得无法承受。

● 如果某件衣物不再合身，就把它放到捐赠箱里。有许多庇护所和慈善机构会非常感谢你的赠予。

● 如果你很长时间都没有使用过，那除非它有段真正特殊的历史，或者是必需品，否则就把它捐出去。如果你在犹豫要不要保留某件东西，这通常意味着它应该扔掉。

● 决定一下你希望卧室给你带来什么样的感觉，并把所有不符合你想法的东西扔掉。卧室可能会成为一部分的工作区、一部分的图书馆以及一部分的储藏区，所有这些区域的东西加到一起，就会导致杂乱的产生。我曾见过许多房屋，有一叠叠的纸质书堆在床头柜上，或者有衣柜里放不下的备用床单，塞到床下。尝试只保留那些你实际在卧室里会用到的东西，你会有一个更加安详的空间来放松自己，甚至可能更加容易入睡。如果你已经读完了一本书，把它送给朋友，或者如果还可能再看，就放到家庭活动室的书架上。保留最好的三套床单，剩下的考虑扔掉，或是做成抹布。如果将来某一天还需要更多，你可以那时再获得。记住，你不需要因为一样东西有使用的可能，就保留它。

盥洗室

我们大多数人实际用到的卫生用品和化妆品，都要比我们拥有的要少得多；但是即使是那些没用过的，我们也很难放弃。我在各种盥洗室里见过的大多数杂物都是由这些瓶瓶罐罐组成的，当初怀着良好的意图买下它们，但现在却增加了盥洗室的杂乱。下面的指导方针会帮助你决定,盥洗室里的各种物品可以保存多长时间,一定要记得丢掉任何过期的产品或药品。

● 药品:无论是处方药还是非处方药,在过期后就应该丢掉。大多数药品在过期后会失去效力,不会造成危险,但如果你有小孩在家里,最好还是扔掉。把未使用的药品和咖啡渣或是其他药品混合在一起,这样那些找药品的人就没法很快找到它们。

● 卫生用品:像大多数药品一样,卫生用品比如剃须膏或洗发水,在过期后也不会有害,但它们可能没法发挥应有的功效。如果你几个月没用它们,你很可能会再新买一瓶,并使用这瓶新的,旧的不会再用。一个整洁的盥洗室的价值,要远远高于一瓶备用的、占据你盥洗室台面的洗发水。

● 化妆品:一些润肤膏如果已经开封了的话,它的成分会慢慢变得不稳定,甚至随着时间流逝而失效,所以如果你半年都没有用过这样东西,最好就扔掉它。对于那些你从宾馆之类的地方收集的旅行装,把其中的一部分放到一个旅行袋里,下次旅行可以直接拿走。那些没放进旅行袋的就扔掉,或者把它们(在同一天!)捐赠给无家可归者的避难所,那里能用得上它们。扔掉任何有怪味的、干掉的或是已经变色的化妆品。睫毛膏不要保留超过三个月，并且如果你眼部感染的话，不要用任何眼妆（你可能会让自己重新感染）。一些产品如果没有恰当地保存，或是一直开着，那么即使没过期也可能有细菌。天然的产品通常会更快地变质。

汽车

　　任何时候你的汽车的后备箱或后座上都可能放着一些东西，比如准备送到回收站的袋子，里面装着回收垃圾；或是你姐姐送给你的小孩穿的旧衣物，但从没有被带进过家门；或是曾经被邻居借走，并且已经还回来的工具，等着被放回车库。特别是如果你有小孩的话，车里可能还有彩色的书籍、荧光笔、游戏和 DVD 光盘，还有没吃的食物或是包装纸。有些人的汽车甚至变成了移动的储物柜，一些一年只会用一周的体育用品，却一直占据着小货车后面的空间。

　　一个杂乱的汽车，当然就意味着不舒适的驾驶体验，而且有时还会造成危险。在一大堆纸张、太阳镜盒和手机充电器中摸索收费通行卡，会让你在道路上分心，带来安全问题。仅仅出于这个原因，清理你的汽车就是非常重要的。

下面是一些清理汽车的建议：

● 扔掉，而不是仅仅挪动位置。当你进到车里的时候，不要仅仅是把易拉罐或其他东西扔到后面，而是多花半分钟的时间，把它们收集起来扔到垃圾箱。此外还应清除掉那些不属于汽车的东西（你已经看完的书、去年夏天用过的已经漏气的沙滩球、你母亲送你的花瓶），把它们拿到房子里，放到该放的地方。

● 每个星期安排几个小时作为清理时间。把车后座的东西送到回收站、食品储藏室，或是任何你准备把它们送去的地方。如果想在每天常规路线的间隙顺手完成这些事，会增加你的压力，但如果某个时间集中完成，会让你有一种成就感，并且可以减少车中的杂乱。

● 购买一些不太昂贵的后座组织工具，这样你的孩子可以学会放好自己的东西，而不是把它们乱丢。

● 在一个座位的后面放一个帆布袋或尼龙袋，上面系一个厨房垃圾袋，用来装食物或其他准备扔掉的东西。就像在家里那样，每次离开汽车的时候都把垃圾丢掉。

● 保持控制。每周检查你的汽车，保证没有遗漏需要丢弃或是带进屋里的东西。

车库和阁楼

在阁楼、车库和户外的小屋里，通常会有一些庞大的工程项目，人们会把那些无法作决定的东西丢到这里。许多我治疗过的人甚至没法把车停进车库，因为里面已经被东西塞满了。把东西存放在车库或是阁楼里，这是搅拌行为的典型例子，仅仅把东西从一个地方挪到另一个地方，而没有永久地处理它们。

亚历克莎的继父罗伯特，我第二章曾提到过他，他就是搅拌行为的经典案例。在他家里有一块空间，专门存放他不需要、不想要或是不清楚该怎么用的东西，他把这些东西放进阁楼的箱子或架子上，放进地下室或车库里，仅仅因为他认为没有理由扔掉它们。你可能还记得，罗伯特的屋子实际上足够大，可以装下他所有的东西，而当他去世的时候，他留下的未使用的东西一辈子也用不完。

在阁楼、地下室和车库里储存物品的另一个问题是，保存在这些地方的东西通常会缺乏温度控制，甚至可能会暴露在自然环境或是虫害之下。我曾有一个来访者，在地下室里保存着女儿小时候穿的衣服，想有一天传给她的孙女，但这些衣服并没有打包封存好，所以都受潮损坏了,而没法再用。地下室容易受到漏水和涝灾的影响,这会带来发霉的问题。

以下是清理阁楼、车库或是地下室的建议。

● 不要仅仅是存放东西,没有整体计划。许多人在这些空间里存放东西,仅仅是因为他们不知道如何处理这些东西。尽管阁楼能方便地保存童年的纪念物,可以与你的孙辈分享,但保存一盒虽然还能用却并不是特别有价值的玩具,这个主意并不怎么样。更好的做法是在它们不再被使用之后,捐出去或是扔掉。

● 找一个帮手。理想情况下,这应该是一个愿意挖掘整理家中的宝贝,觉得这件事很有趣的家庭成员,他甚至愿意接手一些多余的东西。

● 给你的东西找一个新家。你应该如何处理孩子的那双雪地靴,虽然已经穿旧,但还没穿坏?或者是那个还能用的行李箱,但你有另外一个更喜欢的?为什么不把它们放到网上拍卖,或者发个帖转让出去呢?如果你决定用这种方式来捐赠或出售,一定要在一周内完成,否则这些东西会重新回到你的房子里,增加杂乱程度。

● 捐掉全部收藏。亚历克莎的继父罗伯特在地下室有一套庞大的火车玩具,这是他儿子 30 年前玩过的。罗伯特留着它是出于感情因素,甚至有时还会增添一些配置,但它已经放在那里很多年了,没人用过。最后,它被捐给了一家儿童医院。把曾经有意义但现在不用的收藏品捐出去，这是很好的做法。

- 有些东西不会再用了，请接受这一点。这包括那些开始了但没有完成的工程项目（比如模型飞机，以及你想要重新翻修但就一直放在那里的家具）。承认你没法完成某个项目，这会让你向前进，完成那些实际能完成的项目。

- 扔掉任何有气味，或是发霉、或是被其他污染物损毁的东西。

杂乱与宠物

我们都喜欢自己的宠物，但它们会让一个本来已经很乱的房屋更加凌乱，并制造出一种新的混乱感。当然，我并不是鼓励你抛弃宠物来避免杂乱。我最喜欢的鸟名叫路易吉（Luigi），最近刚刚去世，对我来说它就是整个世界，为它所有的付出都是值得的。如果你有一个宠物，或者正考虑养一个，那么在你施行之前先评估一下宠物对于你的生活环境的影响。

☐宠物的毛发可能很难清理，要花费大量的时间。如果你有一只正在掉毛的宠物，可以买一台专门用于宠物毛发的真空吸尘器，这可以让情况处于掌控之中。

□猫砂需要每天维护。我建议把清理它的工作与另外一件你每天都会做的事情（比如扔掉垃圾）联系在一起。不管是在这件事之前还是之后做，都可以帮助你减少宠物排泄物的积累。

□宠物的食物和配饰也会增加一个房屋的杂乱程度。就像任何家庭成员一样，你的宠物也需要一个地方存放它的东西：一个钩子用来挂皮带，一个桶用来装玩具，另外还有一个密闭的容器，用来在指定的地点存储它的食物。

□恰当地照料你的宠物，维护它们的（以及你的）生活环境，这需要投入大量的时间。如果你已经难以维持房屋的秩序，就需要认真考虑一下养宠物这件事。

克服你的障碍

很少有人愿意整天待在室内，穿着工作服，对拥有的物品作出充满压力的、有时还是情绪性的决定。我们都会找出一些理由，来避免做那些我们知道有必要去做的事。我最常听到一个人说的一句话，就是自己没有足够的时间做清理工作，或是更愿意把时间花在家人身上。对于那些说自己没时间的人，我会这样回应："真的吗？但你却有时间去旧货卖场，去疯狂抢购，去其他那些吸引你的购物之旅？如果记录一下你有多少时间花在了狩猎和采集上，再比较一下有多少时间花在了清理上，将会很有意思。"在写这本书的时候，我还记得自己以前曾经认为没时间写这本书。但真的开始写之后，我还是找到了时间。通过寻求帮助和委派任务，我发现时间总是有的。

而且，请记住，没有人让你一天就把所有事都做得完美无缺，许多强迫性囤积症患者和杂乱者对于自己有不切实际的期望。制订一份对你有效的日程表，并着手将一些造成问题的行为替换成能够补救它们的行为。如果你遇到反复——时确实会如此，那也不是一个悲剧。你只需掸掉身上的灰尘，继续沿着正确的方向前进。对于想要把时间花在家人身上而不是清理工作上的想法，考虑一下，如果和你的家人在一个整洁有序的环境里共度时光，将会多么美妙。当你的房屋变得井井有条，你会有更少的压力、更少的内疚，并且有更多的机会和你的家人享受有质量的时光，而这些都是你们应得的。

当人们说他们没有时间做清理，通常的意思是他们动力不够,或是不想费劲作出困难的决定。可能他们已经度过了充满压力的一天,不想再有更多的压力,而且他们有些更想做的事情。这是可以理解的。但如果你屈服于这些感觉,那杂物就会积累,而且这也无助于改善你的情绪或压力水平。有些人更善于在没心思工作时进行,不过几乎所有人最后都能找到办法来完成。你不能仅仅因为工作压力很大,就不给孩子做晚饭;或者因为与某个同事有矛盾,就不完成一项工作任务。如果你的确这么做了(没有给孩子做晚饭),那么你就得承担后果。将这种投入精神用在整理房屋上,这是很重要的。把那些不舒服的感觉放在一边,努力创造转变吧。我发现来访者如果能够不理会这些感觉,同时做一些积极的事情,他们对于自己和当前状况的感觉都会更好,而且可能会带来不一样的结果。

缺少存储空间,或者没有合适的架子,这是另外一种常见的逃避清理的借口。清理的目的不是在壁橱里、临时存储桶里或是电视上看到的那种塑料真空包装袋里找到更多的空间,来放下你所有的东西。你的目标是让你的家更舒适,适宜居住、放松身心、宁静平和,让它看上去令人愉悦,并且没有过多的物品让你找不到所需的东西。要考虑的不是把每样东西放到何处,而是清理掉那些你不再使用或不需要的东西,看看还剩下什么。在未来则应该注重于控制带回来物品的数量，这可以帮助你决定是不是真的需要更多的架子或空间，来放置物品。

"没有人会帮我"、"我不知道从哪里开始"、"有什么意义？很快又会乱起来"，这类思维实际上是基于一种失败主义的精神。而且，甚至在你还没开始清理的时候，无能为力的感觉也是可以理解的。改变习惯的努力可能是一个长期的、令人疲惫的过程。承认你过去曾遇到困难，这并没有什么错。但现在，你已经有了之前所没有的新工具。我经常发现，大多数有杂乱或者囤积问题的人并不真的知道该如何清理杂乱，或是改变自己的行为。这就好像坐在电脑前，面对着一个全新的软件，或者像是在没有指导的情况下，尝试操作一部你从没见过的机器。你并不需要本能地知道如何解决这种问题，你应该赞赏自己的努力，并将本书中学到的东西付诸实际行动。

实际上，与其思考过去，不如努力前行。现在是时候看一看你能做什么，而不是你不能做什么了。你会有挣扎，并感觉想要放弃。但是记住，这些感觉只是暂时的，它们的强度取决于你允许的程度。这可能是一句陈词滥调，但确实是真理：每次前进一小步，或者在现在这个情境里，每次扔掉一件东西。

9

让你的生活没有杂乱

到现在,你已经明白了强迫性囤积症并不是简单的意志力问题。这种状况是复杂的,是由许多因素造成的,包括习得的行为、个人生活中的触发事件、认知扭曲,还有与大脑机制有关的问题。治疗它需要采取多角度的方法,并且需要来自他人的巨大支持。虽然坚强的意志力和动机是作出任何改变的必备元素,但这些因素本身并不足以战胜导致强迫性囤积的念头和行为。在更轻的程度上,这对于我们这些囤积水平没那么高的人也适用。仅仅把不要的东西塞满几个垃圾袋,并不意味着我们已经战胜了杂乱问题。

好消息是，维护你努力建立起的环境，这要比处理导致杂乱的因素容易一些。另外一个好消息是，虽然保持你的房屋整洁需要日常的维护和坚持，但一旦你的新习惯建立起来了，它们很快会替换旧的那些。换句话说，如果你把那些旧的杂乱习惯替换成能够帮助你过上想要的生活的那些习惯，那么让你的房屋保持整洁就会变得越来越容易。你的行为带来的回报——更少的压力和更安宁的庇护所，这会持续地提醒你，应该将问题努力置于掌控之中。

在你维持新采用的组织策略，并保持房屋有序的过程中，重要的是管理你的期望。杂乱和重新浮现的情绪问题，有时候会悄悄降临。在很大程度上，杂乱是由于不愿意对你持有的物品作决定造成的，而对于作决定的焦虑并不会在一夜之间消失。新的决定很可能带来新的焦虑，你需要学习和重新学习如何拷问认知扭曲，正是它们让你在一开始获取和保留物品。就像打破任何坏习惯一样，学会如何用不同的方式看待物品以及对你重要的人，养成新的习惯，这是一个过程，其中必然会有挫折。

我将"失败"这个词用引号标出来，因为将事物视为要么完全成功，要么彻底失败，这是一种思维陷阱，只会带来拖延和完美主义。有时，我的患者甚至不会去尝试维持新建立起的秩序感，因为他们担心如果这样试了就会失败。这是一种常见的自暴自弃行为，我们许多人都会经常这样表现。当然，在我们陷入这种关于未来的认知扭曲时，就注定了自己的失败。

你要么证明自己的自暴自弃是正确的，要么努力克服你的问题。重新定义成功的含义，在这个情境里是可以做到的；而且庆祝你的成功，不管它们有多小，都会为你带来更多的成功。期望遇到一些"失败"——也就是说，为退步和不完美留出空间，这可以帮助你保持对自己的期望的合理性，并可以持续前进。有耐心，对自己有同情心，现实冷静思考，并采取行动，这需要一种平衡。

还记得琼吗，那个第一章开始时介绍过的女人？她的家现在已经变得完全不同了。虽然她自己说还有一些杂物需要处理，但她已经能够保持房子整洁有序。琼说，她仍然会为了逃避处理杂物而挣扎，而且必须努力说服自己，才能克服认知扭曲，但现在的生活确实离理想状况更近了。"一开始我认为这是不可能的。但是，记住每次迈一小步，对自己有耐心，这样就得以稳步向前。"我近期回访时，她这样告诉我。

请记住，琼像许多人一样，曾有过许多次想要放弃的时刻。作为她的指导者，我教给她一些提醒的话，在需要的时候可以支撑信念，她觉得最有用的是这一句："你的房屋不是在一夜之间变成这样的，也不会在一夜之间恢复。"琼发现,可以把一些提醒的话语张贴在房屋各处,这样在她感到失败和疲惫时,就可以看到这些话,从而鼓励自己。

"更长远的好处"推动你向前进

此时此刻你觉得最容易做的事,可能在不太遥远的未来给你增加许多工作和压力。如果你正在经历焦虑,不管是因为担心错过跳蚤市场里的便宜买卖,还是因为害怕扔掉某样东西将来会后悔,你都会愿意做些事来缓解这种焦虑——这通常意味着逃避作决定。

如果你已经陷入这种行为模式很多年,那么你很清楚这会带来什么——一个杂乱的房了。这种可顶测性能够给人一丝安慰,虽然感觉并不好,但至少你知道自己会有什么样的感觉。你不知道的是,如果你的情绪杂乱得到缓解,你和家人将会有怎样的感受;即使这就是你的目标,改变行为和态度也可能会带来压力。

这就是"更长远的好处"发挥作用的地方。如果你对组织整理或清理杂物感到焦虑或恐惧;或者担心如果没能在下次去商场时买到想要的东西,就感到焦虑,那么请记住,你是在为了更长远的好处而努力,这会改善你的生活。在此时此刻,面对和忍受这些焦虑都是值得的。

例如,你刚买回家一车食品,准备把它们放置好,但你发现自己要面对的是一个拥挤的食品柜,里面装着多年积攒下来的食品罐头和箱子,已经满出来了。突然之间,本来看上去可以完成的任务(把食品放置好),变成了一种折磨:必须想办法扔掉一些东西,并重新安排整理架子,才能为新买来的食品腾地方。这种感受不只会令人却步(你更愿意和配偶一起坐在沙发上看电视),而且你还要面对那些会出现的不舒服的感受和想法。"我为什么没有更好的计划?我本应该列一个清单。""我把钱浪费在不需要的食物上,而且这些食物也浪费掉了。""我太少做饭了,我不是一个好妻子。"最后,你可能会决定把新买的食品随便塞到哪里,完全逃避面对这个问题。

这些念头和决定都是在很短的时间内发生的,你可能甚至没有意识到它们的存在。你所知道的就是你不喜欢这项任务,所以选择做其他的事。但是,这样做的问题是,之后你需要做晚饭的时候,以及第二天早上起来到厨房做咖啡的时候,你的食品柜会变得杂乱无章。这种焦虑的感觉会继续困扰你,这就是情绪上的杂乱。你会很难决定晚饭做什么,或是找不到你的咖啡过滤器,因为你的食品柜已经满溢出来了,这种挫败感会让你在一天接下来的时间中都感觉很糟糕。

下面是一种不一样的情况：如果你在选择回避焦虑（请记住，这不是真的回避，只是拖延）还是直面它的时候，能提醒自己注意"更长远的好处"，你会作出更好的选择。假设在这里"更长远的好处"意味着为你所爱的人准备一份健康的晚餐。你可能会想："你知道，我只要花几分钟时间，检查一下有哪些罐头有好几份，然后把那些旧的扔掉。接下来我可以考虑一下做晚餐需要哪些食材，并把它们放到食品柜的前面部分。"这样，你就更接近"更长远的好处"了。正是出于这个原因，你应该花几分钟时间思考一下，你的"更长远的好处"是什么。我先会给你几个例子作为参考，然后你就可以描绘出自己的"更长远的好处"。

你的更长远好处

□我的更长远的好处是，因为减少了居住空间变小所带来的争吵，所以与配偶有更好的关系。

□我的更长远的好处是，因为没有把钱花在那些只会导致房屋杂乱的冲动性购买上，所以有更多的钱可以花在度假或修理房屋这样的事情上，而我一直在为它们攒钱。

下面轮到你了：

□我的更长远的好处是，_____

□我的更长远的好处是，_____

使用一种组织系统

　　将维护你的生活环境视为一种政策：有许多事情是我必须做的，因为居住在一个宁静、没有混乱的房子里，这对我来说很重要。为自己建立一套组织系统，这可以让你不必每天为了作决定而一次次地挣扎。你的政策可能包括：我会在晚餐前整理邮件，或者是，如果我没在睡前读完报纸，就把它们扔进回收桶。设立类似这样的简单规则，可以防止你退回到过去的行为和坏习惯中，正是它们让你的房屋开始变得杂乱。

　　下面是五点建议，可以帮助你的组织系统走上正轨。

　　1. 每周安排出专门的时间，至少完成一项与房屋有关的项目。不要让任何事情干扰这项安排，就像你不会让任何事情干扰工作安排或是与医生的会面一样。

　　2. 如果你已经结婚，或是与家人、室友住在一起，考虑让他们也参与清理杂物的工作。即使这不是他们的杂乱问题，当你向他们寻求帮助时，他们表现出的重视程度可能会令你惊讶。

3. 招待客人：每周邀请一个朋友来喝咖啡，或者在家里组织一次读书俱乐部。知道经常会有人来看你的房子，这是一种良好的激励，能够帮助你保持正轨。

4. 保留一份记录，追踪你的进展和成就。很关键的一点是，你要肯定任何自己取得的进步，这会强化你的新系统，并帮助你保持正轨。如果只关注于没有完成的那些事，这很可能会让你重新变得杂乱。

5. 设置常规的奖励。换句话说，不要觉得整洁的空间就是全部的奖励。如果你完成了一周的目标，并且坚持使用你的系统，那么也许全家可以在你舒适的房间里举办一次周五之夜，或者你们可以一起在干净整洁的厨房里做晚饭。这可以提醒你自己，为什么拥有整洁的房屋是令人愉悦的。

避免杂乱的滋生

把杂乱保持在最小的程度，这既需要你的行动，也需要你的不作为。例如，决定不把某样东西带回家，因为没地方放它。下面是一些建议，告诉你如何避免杂乱的滋生。

1. 把杂乱扼杀在萌芽中。水槽中留下一个碗，可能很容易就发展成一个碗、一个玻璃杯，然后变成满满一水槽的碗碟。对于一些人来说,看到水槽里有一个盘子,会让他们感觉水槽里放盘子是很正常的,这样就降低了杂乱的标准。其他人看到有人把盘子留在水槽里,也会不假思索地把自己的放进去。很快,洗碗就变成了一项巨大的工程。如果你很容易杂乱或者拖延,那么最好在此时此刻就努力完成它,因为比较小的工程不那么令人却步。

2.记住"俄亥俄规则":只经手一次。如果你拿起了某样东西,就不要再把它们放回原处,除非它们确实属于那里。一旦拿在手上,就应该放到属于它的地方,或者送去回收,或者扔进垃圾箱,或者物归原主。如果你发现自己不断捡起东西,却没有降低杂乱的程度,那就应该执行"俄亥俄规则"。

3.建立每日维护的时间表。考虑每天花15分钟时间,整理一个问题区域(比如你的书桌、厨房桌),并清理杂乱。每周末花半个小时的时间(或者在工作日的晚上),做归档或者其他冗长的工作。这是基本的维护工作,可以让你的环境保持健康。

4.有始有终。去食品店买东西也包括回来

把它们放好,洗衣服也包括把它们叠起来放好,洗碗也包括把它们烘干放好。一项工作完成一半就放下,这会增加拖延和杂乱,很快就会变得让人难以承受。

5. 重整旗鼓。如果你发现很难控制杂乱,那就复习一下第五章至第七章介绍的那些原则,比如"进来一件,出去一件"。

关于获取和回避

一般来讲,我认为回避诱因不是强迫性囤积症的长期解决方案。认知行为疗法的基本原则就是,为了改变你对于焦虑的反应,你需要直面那些让你感到困难的情境,并找到应对焦虑的办法。因此,面对你的诱因,努力解决它,以此来减少获取的冲动,这是很重要的,而不是简单地不再去商场。也就是说,与那些诱惑的情境保持距离,这在一开始时可能是必要的。一旦你感觉可以抵御冲动性购买了,就不必再这样。在错误的时间出现在错误的地点,把杂物带进家门,这会让你感到挫败。

很重要的一点是,应该预期到你可能陷入旧行为模式,并制订计划来避免发生,比如建立新的习惯,诉诸"更长远的好处"。例如,如果你习惯于在工作午餐时间购物,那么就与同事一起吃午餐,或者把这段时间用来锻炼身体,比如去健身房或者到外面走一走。如果你每次开车送小孩上学回来,都会被路边的一元商店吸引,作为代替,那就换一条路线,并且在某些天找一些时间奖励自己去喝杯咖啡。

如果杂乱卷土重来

虽然我希望本书可以帮助你清理情绪上和物理上的杂乱,但有时你需要的不只是一本书。有一些强大的因素会导致人们囤积或杂乱,如果你不能自己作出改变,或者想要获得更多的支持,那去看治疗师将会很有帮助。如你所知,强迫性囤积症可能是由许多因素造成的,并且许多因素会进一步恶化它,比如一个人的生理因素、童年创伤、过去的虐待、重大的损失或是剥夺。这些问题可能很难自行解决。

你如何知道自己会从治疗中收益? 如果下面这些陈述有任何一条符合你,就应该考虑去见治疗师。

● 当你尝试清理房屋,而没法应对随之产生的情绪,且你经历的悲伤和焦虑会干扰你日常生活。

● 与你住在一起的人不支持你改善环境的努力，甚至可能试图阻碍你成功。

● 你与家人的关系不健康，你不知道如何回到正轨。

● 你处在危机当中（比如房屋不安全），需要立即的援助。

我希望你会发现本书提供的工具和信息对你有帮助，让你对于自己和物品的关系，以及你在杂乱方面的水平，有更深刻的理解。虽然我相信，我们都会同意物品是有用的，而且可能成为生活中令人愉悦的一部分，但太多的物品会带来物理上和情绪上的不良后果，对我们造成负面影响。我知道，如果你采取一些措施，来处理你的杂乱问题，这会带给你一种更加快乐的、情绪上更少杂乱的生活。

最后请记住，对自己宽容一点，耐心一点。改变需要时间，所以多给自己一些时间。将目光集中于更长远的好处，这会给你一个新的方向，最终带来好的回报，为此付出的努力都是值得的。

我希望对下面这些人表达感激之情，没有他们，我可能一个字都没有写出来。

丽贝卡·格拉丁尔（Rebecca Gradinger），我的文学经纪人，她一直对我有信心，鼓励我写完这本书。

罗布·夏尔南（Rob Sharenow）、马特·陈（Matt Chan）和戴夫·西弗森（Dave Severson），他们信任我，给了我一次绝佳的机会，参与到电视节目《囤积者》中去，这个节目带来了本书的灵感。

乔治·巴茨（George Butts），在过去两年的时间里，他一直保持着耐心和好脾气，帮助我探索一些非常复杂的情况。

艾丽斯·池田（Alice Ikeda）和帕特·巴恩斯（Pat Barnes），在我们的拍摄过程中，他们提供 24 小时的全天候服务。我们一起分享的欢笑和喜悦，冲淡了许多最艰难的囤积情境带来的挫败感。

迈克尔·汤普金斯（Michael Tompkins）、琼·戴维森（Joan Davidson）和弗雷德·彭泽尔（Fred Penzel），他们在整个写作过程中提供了宝贵的反馈意见、支持和鼓励。

A&E 电视台的安迪·伯格（Andy Berg），他的智慧、建议令人赞叹，感谢你对我的信任。

吉娜·诺塞罗（Gina Nocero），带给我许多成功的媒体活动。

斯蒂芬妮·多戈夫（Stephanie Dolgoff），她经常工作到深夜，帮我编辑这本书，没有她这本书不会面世。

多萝西·布雷宁格（Dorothy Breininger），她贡献了她的专业知识，为那些希望生活变得更有组织的人，制定出有效的策略。

马特·帕克斯顿（Matt Paxton）和科里·查默斯（Cory Chalmers），我们是一支不可忽视的力量，伟大的三人组！

史蒂芬妮（Stephanie），我最好的朋友，从不让我失望。

我的母亲，她总在那里，在我不知所措时安慰我、鼓励我。

最后，我深爱的丈夫——迈克（Mike），他给了我无条件的爱，忍受我疯狂的旅行安排，以及写作和编辑的漫漫长夜。

附录
A

THE
HOARDER
IN YOU

强迫性囤积症保留物品问卷

记录下你保留的物品，以及你预期如果放弃它们，会体验到的焦虑水平。

量表：0＝没有焦虑；

5＝中等程度；

10＝可能会崩溃。

你体内的囤积欲

物品	项目细节	焦虑水平
纸制品		
报纸	_____	_____
杂志	_____	_____
书籍	_____	_____
收据	_____	_____
作业	_____	_____
邮件	_____	_____
清单/笔记	_____	_____
报纸	_____	_____
回收品	_____	_____
照片	_____	_____
办公用品	_____	_____
办公文件	_____	_____
数码文档		
电子邮件	_____	_____
文件	_____	_____
其他	_____	_____
收集品		
填充动物玩具	_____	_____

洋娃娃 _____ _____

芭比娃娃 _____ _____

模型汽车 _____ _____

童年的物品 _____ _____

其他 _____ _____

汽车

工具 _____ _____

汽车部件 _____ _____

汽车 _____ _____

清洁用品 _____ _____

电子产品

设备 _____ _____

钟表 _____ _____

收音机 _____ _____

电脑 _____ _____

电话 _____ _____

维修部件 _____ _____

其他 _____ _____

家居用品

亚麻制品　　　　_____　　　_____

塑料食物存储容器

　　　　　　　　_____　　　_____

锅碗瓢盆　　　　_____　　　_____

食物　　　　　　_____　　　_____

调料　　　　　　_____　　　_____

健康用品

药品　　　　　　_____　　　_____

美容用品　　　　_____　　　_____

美发用品　　　　_____　　　_____

其他　　　　　　_____　　　_____

动物

宠物　　　　　　_____　　　_____

宠物用品　　　　_____　　　_____

节日用品

圣诞节　　　　　_____　　　_____

复活节　　　　　_____　　　_____

国庆节　　　　　_____　　　_____

| 感恩节 | _____ | _____ |
| 其他 | _____ | _____ |

个人用品

衣服	_____	_____
鞋	_____	_____
钱包	_____	_____
围巾	_____	_____
其他	_____	_____

手工用品

珠子	_____	_____
剪贴簿	_____	_____
桶	_____	_____
蜡纸	_____	_____
马克笔	_____	_____
其他	_____	_____

　　下面可以花一些时间，回顾一下你的答案，并观察详细观察。例如，你是否对于书写材料有特别的偏好？你难以放弃的那些东西是不是都是在打折促销时买的，或

者都是从某一家商店购买的？这些东西是不是为了将来的某个项目准备的？知道你的诱因，可以让你理解为什么你会保留这些东西，以及什么样的思维扭曲促使你这样做。看看你能否找到一些联系，并查阅本书第六章至第八章，找到解决方法。所有这些都会让放弃杂物变得更容易，并让你在未来保持一个整洁有序的生活空间。

罗宾博士的"爱生活"列表

一堆杂物,或是一堆洗完之后从来没有叠好的衣物,是一个房间,你把它完全封闭了,因为时刻被提醒还有一堆乱七八糟的东西没有清理,这是你无法承受的。看着这些东西,可能会让你体验到巨大的沮丧和无力感。为了制订计划处理你的物品,解开那些让你无法过上理想生活的思维扭曲,你很容易深陷泥潭当中。

尽管这些事对于解决杂乱问题都是必须的,我的"爱生活"列表旨在提供一些激励人心的活动,可以作为清理杂物的奖励,或者用来把某种不良的行为习惯(比如在商场闲逛)替换成能够帮助你实现长远目标的习惯(比如与朋友骑车出游)。

在这个列表的最后,我留下了一些空白横线,你可以选择自己喜欢的活动。请尽量具体,并确定你喜欢的活动不需要太多计划或努力,这样你需要的时候就可以做它们。下面是我最喜欢的 51 种活动。

1. 开车去郊外

2. 听音乐

3. 与家人共度时光

4. 出门散步

5. 绘画或其他艺术工作

6. 玩高尔夫球

7. 通过阅读指导手册,学习一种新技能

8. 阅读一本精彩的小说

9. 坐下来,写你自己的精彩小说

10. 写日记

11. 看电影

12. 上网与朋友聊天

13. 去书店看书

14. 看电视

15. 读报纸

16. 玩纸牌

17. 完成填字游戏

18. 与朋友喝咖啡

19. 去健身房

20. 出门跑步

21. 做饼干

22. 喝一瓶美酒

23. 学习针织或刺绣

24. 与宠物玩耍

25. 自学一道新菜

26. 出门远足

27. 加入教堂唱诗班

28. 去图书馆

29. 为某人制作一张贺卡

30. 去教堂

31. 演奏乐器

32. 去本地的学校,帮助工作或教学

33. 与配偶玩象棋或是跳棋

34. 为本地的慈善组织提供服务

35. 打保龄球

36. 种植蔬菜瓜果

37. 跳舞

38. 给自己买花

39. 拜访年长的邻居,帮他们剪草坪

40. 洗车

41. 冥想

42. 接受按摩

43. 给老朋友写信

44. 去野餐或者烧烤

45. 打篮球

46. 带相机出门,拍下周围的世界

47. 去理发

48. 去博物馆

49. 去钓鱼

50. 做瑜伽

51. 给好朋友打电话

_____

_____

_____

_____

图书在版编目（CIP）数据

你体内的囤积欲：如何过上更快乐、更健康的整洁
生活／（美）扎修著；王非译. —杭州：浙江大学出版
社，2013. 11

书名原文：The hoarder in you：how to live a
happier，healthier，uncluttered life

ISBN 978-7-308-12221-4

Ⅰ. ①你… Ⅱ. ①扎…②王… Ⅲ. ①生活－知识
Ⅳ. ①TS976.3

中国版本图书馆 CIP 数据核字（2013）第 212839 号

Copyright © 2011 by Robin Zasio
This edition arranged with C. Fletcher & Company，LLC.
Through Andrew Nurnberg Associates International Limited
浙江省版权局著作权合同登记图字：11－2013－118

你体内的囤积欲——如何过上更快乐、更健康的整洁生活
［美］罗宾·扎修 著
王 非 译

策 划 者	杭州蓝狮子文化创意有限公司	
责任编辑	曲 静	
出版发行	浙江大学出版社	
	（杭州市天目山路 148 号 邮政编码 310007）	
	（网址：http://www.zjupress.com）	
排 版	杭州中大图文设计有限公司	
印 刷	浙江印刷集团有限公司	
开 本	880mm×1230mm 1/32	
印 张	9	
字 数	159 千	
版 印 次	2013 年 11 月第 1 版 2013 年 11 月第 1 次印刷	
书 号	ISBN 978-7-308-12221-4	
定 价	35.00 元